高等职业教育移动互联应用技术专业教材

iOS 项目开发实战

主　编　赵善龙　　刘俊驰

副主编　李博鑫　　赵　丹　　赵清磊

中国水利水电出版社

www.waterpub.com.cn

·北京·

内 容 提 要

  本书构建了 iOS 从入门到进阶过程中最重要的知识体系，将知识、技术与技巧充分渗透到多个独立且完整的 iOS 应用实战项目中，带领读者一同参与到真正的企业开发流程中，使读者有条不紊地掌握完整的项目开发技术，并具备企业级移动应用开发的能力。在程序实例讲解方面，注重对实际动手能力的指导；在遵循项目开发过程的同时，将重要的知识点和经验技巧以"关键知识点解析"的形式呈现给读者，这为初学者将学习与实践结合提供了很好的指导。

  本书可作为大学本科和高职高专有关课程的实训教材，也可供具备一定手机开发经验的开发者及 iOS 开发爱好者参考和使用。

图书在版编目（CIP）数据

iOS项目开发实战 / 赵善龙，刘俊驰主编. -- 北京：
中国水利水电出版社，2020.3
高等职业教育移动互联应用技术专业教材
ISBN 978-7-5170-8448-8

Ⅰ. ①i… Ⅱ. ①赵… ②刘… Ⅲ. ①移动终端－应用
程序－程序设计－高等职业教育－教材 Ⅳ.
①TN929.53

中国版本图书馆CIP数据核字(2020)第036464号

策划编辑：周益丹 责任编辑：张玉玲 加工编辑：郑 涛 封面设计：李 佳

书　　名	高等职业教育移动互联应用技术专业教材 iOS 项目开发实战 iOS XIANGMU KAIFA SHIZHAN
作　　者	主　编　赵善龙　刘俊驰 副主编　李博鑫　赵 丹　赵清磊
出版发行	中国水利水电出版社 （北京市海淀区玉渊潭南路 1 号 D 座　100038） 网址：www.waterpub.com.cn E-mail：mchannel@263.net（万水） 　　　　sales@waterpub.com.cn 电话：(010) 68367658（营销中心）、82562819（万水）
经　　售	全国各地新华书店和相关出版物销售网点
排　　版	北京万水电子信息有限公司
印　　刷	三河市铭浩彩色印装有限公司
规　　格	184mm×260mm　16 开本　　14 印张　　317 千字
版　　次	2020 年 3 月第 1 版　2020 年 3 月第 1 次印刷
印　　数	0001—2000 册
定　　价	36.00 元

前　　言

iOS 系统是目前在智能移动平台上被广泛应用的移动端操作系统之一，具有很多优点：流畅稳定、低功耗、安全。来自苹果公司官方的调查显示 iOS 系统是目前全球用户量第二的移动操作系统，而且用户量每年还在不断增长。然而摆在众多开发者面前的问题是，很多开发者了解 viewController 的生命周期，却对生命周期各个方法的调用顺序及所做的操作不很清楚；很多开发者了解 UI 控件的使用方法，但在通过网络获取数据后刷新 UI 却力不从心；很多开发者了解如何使用 UITableView 展示列表数据，但当数据量稍微增大时，程序就会出现卡顿现象甚至崩溃；很多开发者可以熟练地绘制布局并在模拟器上完整显示，但一旦到了某些真机上，画面便惨不忍睹。事实上，如何综合地运用 iOS 开发技术进行规范的应用开发，如何使自己的开发技术与企业开发流程接轨，如何更好地优化应用，使应用适配更广泛的机型而且程序更加健壮，的确是让许多通过自学成长起来的开发者深受困扰的问题。凭借多年的院校教学经验和企业实践经验，我们深知 iOS 初学者在学习和成长过程中的痛点。针对这些痛点，本书规划了 iOS 从入门到进阶过程中最重要的知识体系，将知识、技术和技巧充分渗透到多个独立且完整的 iOS 应用实战项目中，带领读者一同参与到真正的企业开发流程中，使读者有条不紊地掌握完整的项目开发技术，循序渐进地具备企业级移动应用开发能力。

在开始项目实战之前，需要读者对本书的知识结构体系图进行初步的了解，读者应在掌握预备知识的基础上对本书项目进行逐一学习。本书将着重对基础组件、UI、线程与线程间通信、网络通信、数据解析、数据存储六大部分在项目中的应用进行讲解。下面介绍每个项目重点训练的知识点。

项目 1 主要针对项目构建、布局、基础控件和按钮的点击事件进行实战。

项目 2 主要针对应用的架构搭建、UIScrollView 和 UITableView 的使用方法和技巧、UICollectionView 控件的用法进行实战。

项目 3 主要针对视图控制器、多个标签页切换使用、自定义控件、Touch 事件处理进行实战。

项目 4 主要针对图片处理及优化、图片文件读写、媒体播放器调用进行实战。

项目 5 主要针对线程间通信、GCD 的基本用法、不同种类任务与队列的组合机制进行实战。

项目 6 主要针对 GCD 异步获取数据并在 UI 界面刷新、Http、使用和读取沙盒（Documents）中的文件、利用 NSURLSession 工具实现网络通信进行实战。

项目 7 主要针对 XML 解析、WebView、自定义菜单栏与滚动动画进行实战。

项目 8 主要针对网络图片的处理、JSON 解析、网络通信的封装、Application Extention 的作用和简单实现进行实战。

项目 9 主要针对访问手机通讯录、拦截来电和电话操作进行实战。

项目 10 主要针对蓝牙通信进行实战。

项目 11 主要针对 Socket 和消息队列进行实战。

项目 12 主要针对百度地图、定位进行实战。

本书由赵善龙、刘俊驰任主编，李博鑫、赵丹、赵清磊任副主编，具体编写分工如下：项目 1 由严铭昊编写，项目 2 由李旭东编写，项目 3 由徐宏吉编写，项目 4 由李博鑫编写，项目 5、项目 8、项目 11 由赵丹编写，项目 6、项目 9、项目 10 由赵清磊编写，项目 7 和项目 12 由刘俊驰编写，本书全部示例代码由徐宏吉负责基础框架搭建和功能验证，赵善龙负责全书的大纲拟定、项目规划、章节结构设计及统稿工作。另外还要感谢周益丹编辑对本书提出了非常宝贵的意见，特别是书中内容的编排、难易程度的把握、案例的选取和文叙风格的选定等。

由于编者水平有限，书中不妥之处在所难免，恳请读者批评指正。

编者

2019 年 12 月

目　　录

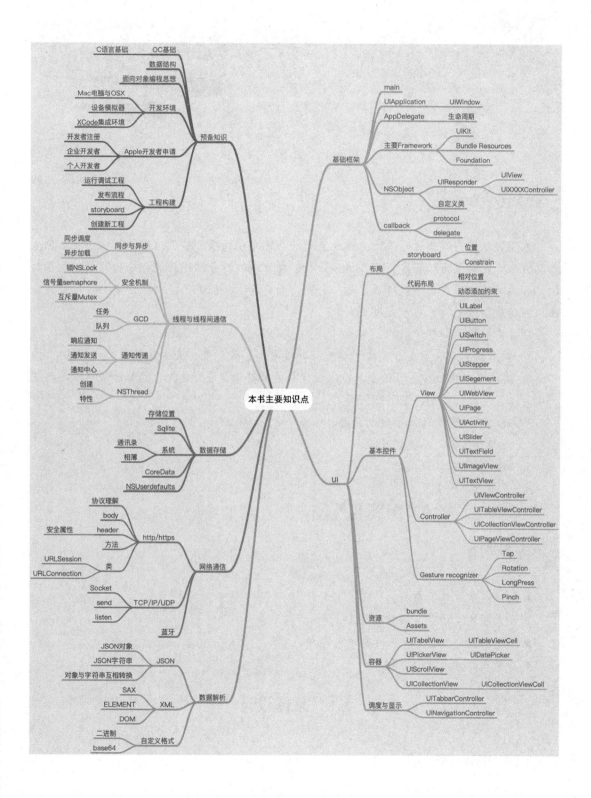

项目1 简易计算器

项目导读

本项目从简易计算器入手，为读者呈现一套较完整的项目建设流程，模拟企业级原生移动应用开发的主要环节，从项目总体分析、功能模块拆分、操作流程分析、功能及界面设计和编码等多个重要环节对项目进行讲述。项目虽小，但依然能够让读者初步体验到企业级移动应用开发的基本方式方法。

项目需求描述如下：

1. 要求使用 iOS 原生开发技术实现一款具有加、减、乘、除运算功能的计算器应用。

2. 用户可以按数学运算法则，输入数字和运算符号，进行运算，运算结果可以参与下一次运算，运算结果支持 12 位显示。

3. 支持正值、负值、小数的运算。

4. 支持非法输入的验证及提示。

5. 支持退格以修改数据。

6. 支持清屏和重置。

7. 支持展示最近几次的计算记录。

教学目标

- 掌握基本界面布局。
- 掌握输入控件、按钮控件。
- 了解控件 touch 事件的多种实现方式。
- 使用百分比技巧进行布局。

1.1 总体设计

1.1.1 总体分析

根据项目需求进行分析，简易计算器应实现以下功能：计算器界面友好、方便使用；

显示 12 位结果；具有基本的加、减、乘、除功能；能够判断用户输入的运算数是否正确；支持小数运算；具有退格功能，能够删除最后一个输入；具有清除功能（即 C 功能）；具有结果存储功能，能够显示存储器状态；支持触屏手机。

整个程序除总体模块外，主要分为输入模块、显示模块和计算模块（包括一些其他功能）三大部分。在整个系统中，总体模块控制系统的生命周期，输入模块负责读取用户输入的数据，显示模块负责显示用户之前输入的数据和显示最终的计算结果，计算模块负责进行数据的运算和一些其他的功能。

具体地说，总体模块的作用主要是生成应用程序的主类，控制应用程序的生命周期；输入模块主要描述了计算器键盘以及键盘的监听，即主要负责读取用户的键盘输入以及响应触屏的按键，需要监听手机按键动作以及用指针事件处理方法处理触屏的单击动作（以松开按键为准），同时提供了较为直观的键盘图形用户界面；显示模块描述了计算器的显示区，即该区域用于显示用户输入的数据以及最终的计算结果，同时还负责显示一些其他的信息；计算模块主要描述了计算器的整体，实现了计算器的界面，负责计算用户输入的数据，包括加、减、乘、除等各种计算功能，以及记忆数据、退格和清零等功能。

1.1.2 功能模块框图

根据总体分析结果，可以总结一下功能模块，框图如图 1-1 所示。

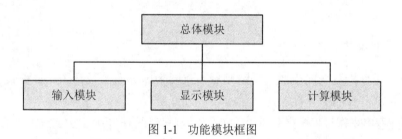

图 1-1　功能模块框图

本计算器主要可以实现基本运算和其他的一些运算，其中包括加法运算、减法运算、乘法运算、除法运算；其他运算包括开方运算、正负运算、清除运算等，如图 1-2 所示。

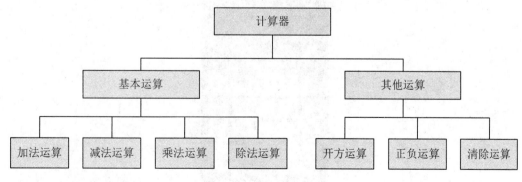

图 1-2　主要运算方法图

1.1.3 系统流程图

根据总体分析结果及功能模块框图梳理出系统主要流程，如图 1-3 所示。

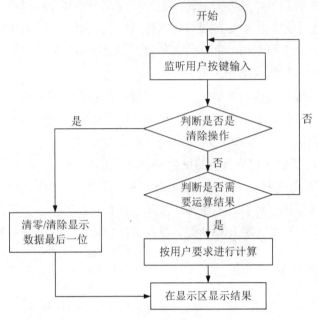

图 1-3 系统流程图

1.1.4 界面设计

在系统总体分析及功能模块划分清楚后，就要考虑界面的设计了。界面设计应该尽量简洁美观、具有良好的交互性。

主界面在程序操作过程中必不可少，它是与用户交互的重要环节。通过主界面，用户可以调用系统各个相关的模块，使用系统中实现的各个功能。计算器界面如图 1-4 所示。

图 1-4 界面设计

从图 1-4 中我们可以很直观地看到，界面区域主要有数据和结果显示区、数字按键区、计算按键区。

数字按键区、计算按键区主要是布置计算器键盘，触摸屏提供了各种功能的按键，负责读取用户的键盘输入以及响应触屏的动作。

数据和结果显示区用于显示用户输入的数据以及最终的计算结果和一些其他信息。

1.2　详细设计

1.2.1　模块描述

在系统整体分析及界面布局设计完成后，主要工作就转入对各个功能模块的详细设计阶段。

1．总体模块详细设计

总体模块需要完成的任务主要是系统的程序启动类，负责整个系统的生命周期。同时还要完成菜单栏的所有功能，即退出程序、记忆数据、显示数据、清除记忆数据这 4 个功能。

总体模块的功能图如图 1-5 所示。

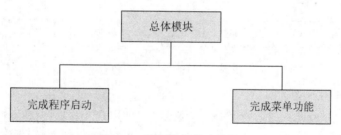

图 1-5　总体模块的功能图

2．输入模块详细设计

输入模块主要的任务是描述计算器键盘和实现键盘的监听，即当用户点击按键或屏幕的时候监听器会去调用相应的处理方法或模块。

本模块还需要为系统提供一个较为直观的键盘图形用户界面。

输入模块的功能图如图 1-6 所示。

3．计算模块详细设计

系统要完成整个计算器的计算功能，那么计算模块就是整个系统的重点模块。没有计算模块，系统就不能顺利地完成计算，就无法满足用户的需求，所以计算模块的设计也是本次系统设计中的重点。

当输入模块的监听传到计算模块中时，计算模块就要根据相应的方法进行进一步的处理。

计算模块的功能图如图 1-7 所示。

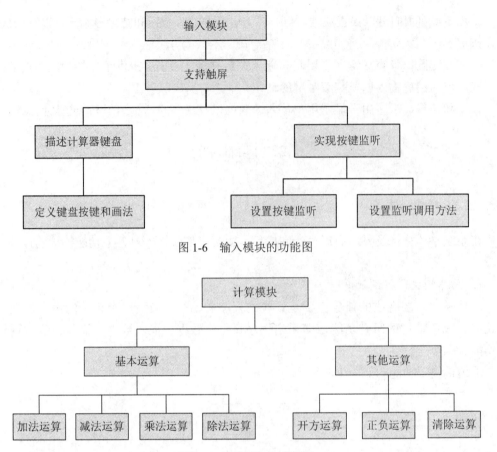

图 1-6　输入模块的功能图

图 1-7　计算模块的功能图

4．显示模块详细设计

显示模块的主要任务是描述计算器的显示区，使用户能够看到整个计算器画面。该区域的显示信息包括用户输入的数据、计算结果和一些其他信息。同时本模块还将提供调用和设置显示的具体方法。

显示模块的功能图如图 1-8 所示。

图 1-8　显示模块的功能图

1.2.2　源文件组及其资源规划

对系统各个模块的实现方式和流程设计完成后，我们将对系统主要的组和资源进行规划，划分的原则主要是保持各个组相互独立，耦合度尽量低。

根据系统的功能设计，本系统仅需一个 controller 类。系统的几个功能实现方式基本相同，因此系统可以按照一个组规划，在组中设计不同的方法以支持不同的功能。组及其资源结构如图 1-9 所示。

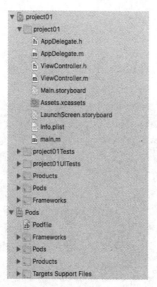

图 1-9　组及资源结构

1.2.3　主要方法流程设计

根据之前的分析和功能划分梳理出系统主要流程，如图 1-10 所示。

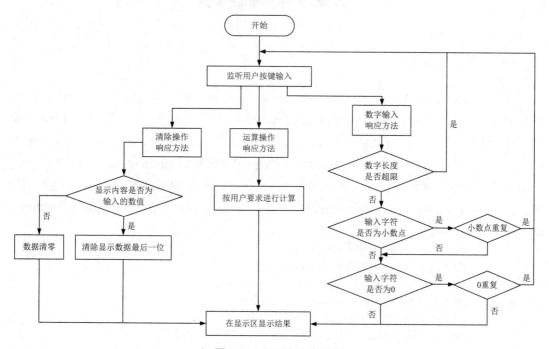

图 1-10　主要方法流程图

1.3 代码实现

1.3.1 显示界面布局

系统主界面是系统进入后显示的界面，其中包括一个 UITextView、一个 UITextField 和若干个 Button，如图 1-11 所示。

图 1-11 系统主界面

1.3.2 控件设计实现

在工程的 project01 目录下有一个名称为 ViewController 的类（部分代码如下所示），该类由.h 和.m 两个文件构成，其中 UI 界面布局由.m 文件实现。该 UI 布局中，有一个 UITextView 用于显示计算记录，一个 UITextField 用于显示输入数值，19 个 UIButton 用于用户输入和计算操作控制。可以看到，NSLayoutConstraint 中使用了[NSLayoutConstraint constraintWithItem: attribute:NSLayoutAttributeWidth relatedBy:toItem:attribute:multiplier:constant:]方法，这个方法使NSLayoutConstraint具有按百分比适配布局的能力，我们在 1.4.2 节中会对NSLayoutConstraint的这种特性进行详细讲解。

```
UILabel *titleLab = [[UILabel alloc] init];
    titleLab.textColor = [UIColor whiteColor];
    titleLab.translatesAutoresizingMaskIntoConstraints = NO;
    titleLab.textAlignment = NSTextAlignmentLeft;
    titleLab.text = @"简易计算器";
    [self.view addSubview:titleLab];
    NSLayoutConstraint *titleLabelWidthConstraint =
```

```
[NSLayoutConstraint constraintWithItem:titleLab
                        attribute:NSLayoutAttributeWidth
                        relatedBy:NSLayoutRelationEqual
                        toItem:self.view
                        attribute:NSLayoutAttributeWidth
                        multiplier:1.0f
                        constant:-150.0f];
NSLayoutConstraint *titleLabelHeightConstraint =
[NSLayoutConstraint constraintWithItem:titleLab
                        attribute:NSLayoutAttributeHeight
                        relatedBy:NSLayoutRelationEqual
                        toItem:self.view
                        attribute:NSLayoutAttributeHeight
                        multiplier:0.05f
                        constant:0.0f];
NSLayoutConstraint *titleLabelLeftConstraint =
[NSLayoutConstraint constraintWithItem:titleLab
                        attribute:NSLayoutAttributeLeft
                        relatedBy:NSLayoutRelationEqual
                        toItem:self.view
                        attribute:NSLayoutAttributeLeft
                        multiplier:0.1f
                        constant:80.0f];
NSLayoutConstraint *titleLabelTopConstraint =
[NSLayoutConstraint constraintWithItem:titleLab
                        attribute:NSLayoutAttributeTop
                        relatedBy:NSLayoutRelationEqual
                        toItem:self.view
                        attribute:NSLayoutAttributeTop
                        multiplier:1.f
                        constant:30.f];
[self.view addConstraint:titleLabelWidthConstraint];
[self.view addConstraint:titleLabelHeightConstraint];
[self.view addConstraint:titleLabelLeftConstraint];
[self.view addConstraint:titleLabelTopConstraint];

UIImageView *imageView = [[UIImageView alloc] initWithImage:[UIImage imageNamed:@"calc"]];
imageView.translatesAutoresizingMaskIntoConstraints = NO;
imageView.layer.cornerRadius = 5;
imageView.layer.masksToBounds = YES;
[self.view addSubview:imageView];
NSLayoutConstraint *imageWidthConstraint =
[NSLayoutConstraint constraintWithItem:imageView
                        attribute:NSLayoutAttributeWidth
                        relatedBy:NSLayoutRelationEqual
                        toItem:titleLab
```

```
                                        attribute:NSLayoutAttributeHeight
                                        multiplier:1.0f
                                        constant:-10.0f];
NSLayoutConstraint *imageHeightConstraint =
[NSLayoutConstraint constraintWithItem:imageView
                                        attribute:NSLayoutAttributeHeight
                                        relatedBy:NSLayoutRelationEqual
                                        toItem:titleLab
                                        attribute:NSLayoutAttributeHeight
                                        multiplier:1.0f
                                        constant:-10.0f];
NSLayoutConstraint *imageRightConstraint =
[NSLayoutConstraint constraintWithItem:imageView
                                        attribute:NSLayoutAttributeRight
                                        relatedBy:NSLayoutRelationEqual
                                        toItem:titleLab
                                        attribute:NSLayoutAttributeLeft
                                        multiplier:1.0f
                                        constant:-10.0f];
NSLayoutConstraint *imageTopConstraint =
[NSLayoutConstraint constraintWithItem:imageView
                                        attribute:NSLayoutAttributeTop
                                        relatedBy:NSLayoutRelationEqual
                                        toItem:titleLab
                                        attribute:NSLayoutAttributeTop
                                        multiplier:1.0f
                                        constant:5.0f];
[self.view addConstraint:imageWidthConstraint];
[self.view addConstraint:imageHeightConstraint];
[self.view addConstraint:imageRightConstraint];
[self.view addConstraint:imageTopConstraint];

UIView *lineView = [[UIView alloc] init];
lineView.backgroundColor = [UIColor whiteColor];
lineView.translatesAutoresizingMaskIntoConstraints = NO;
[self.view addSubview:lineView];
NSLayoutConstraint *lineWidthConstraint =
[NSLayoutConstraint constraintWithItem:lineView
                                        attribute:NSLayoutAttributeWidth
                                        relatedBy:NSLayoutRelationEqual
                                        toItem:self.view
                                        attribute:NSLayoutAttributeWidth
                                        multiplier:1.0f
                                        constant:0.0f];
NSLayoutConstraint *lineHeightConstraint =
[NSLayoutConstraint constraintWithItem:lineView
```

```
                                    attribute:NSLayoutAttributeHeight
                                    relatedBy:NSLayoutRelationEqual
                                       toItem:nil
                                    attribute:NSLayoutAttributeNotAnAttribute
                                   multiplier:1.0f
                                     constant:1.0f];
NSLayoutConstraint *lineLeftConstraint =
[NSLayoutConstraint constraintWithItem:lineView
                                    attribute:NSLayoutAttributeLeft
                                    relatedBy:NSLayoutRelationEqual
                                       toItem:self.view
                                    attribute:NSLayoutAttributeLeft
                                   multiplier:1.0f
                                     constant:0.0f];
NSLayoutConstraint *lineTopConstraint =
[NSLayoutConstraint constraintWithItem:lineView
                                    attribute:NSLayoutAttributeTop
                                    relatedBy:NSLayoutRelationEqual
                                       toItem:titleLab
                                    attribute:NSLayoutAttributeBottom
                                   multiplier:1.f
                                     constant:0.f];
[self.view addConstraint:lineTopConstraint];
[self.view addConstraint:lineLeftConstraint];
[self.view addConstraint:lineWidthConstraint];
[self.view addConstraint:lineHeightConstraint];

UITextView *textView = [[UITextView alloc] init];
textView.textColor = [UIColor whiteColor];
textView.editable = NO;
textView.backgroundColor = [UIColor clearColor];
textView.text = @"计算记录";
textView.translatesAutoresizingMaskIntoConstraints = NO;
[self.view addSubview:textView];
self.historyTextView = textView;
NSLayoutConstraint *txViewTopConstraint =
[NSLayoutConstraint constraintWithItem:textView
                                    attribute:NSLayoutAttributeTop
                                    relatedBy:NSLayoutRelationEqual
                                       toItem:lineView
                                    attribute:NSLayoutAttributeBottom
                                   multiplier:1.0f
                                     constant:0.0f];
NSLayoutConstraint *txViewLeftConstraint =
[NSLayoutConstraint constraintWithItem:textView
                                    attribute:NSLayoutAttributeLeft
```

```
                                                relatedBy:NSLayoutRelationEqual
                                                   toItem:self.view
                                                attribute:NSLayoutAttributeLeft
                                               multiplier:1.0f
                                                 constant:0.0f];
NSLayoutConstraint *txViewRightConstraint =
[NSLayoutConstraint constraintWithItem:textView
                                                attribute:NSLayoutAttributeRight
                                                relatedBy:NSLayoutRelationEqual
                                                   toItem:self.view
                                                attribute:NSLayoutAttributeRight
                                               multiplier:1.0f
                                                 constant:0.0f];

NSLayoutConstraint *txViewHeightConstraint =
[NSLayoutConstraint constraintWithItem:textView
                                                attribute:NSLayoutAttributeHeight
                                                relatedBy:NSLayoutRelationEqual
                                                   toItem:self.view
                                                attribute:NSLayoutAttributeHeight
                                               multiplier:0.25f
                                                 constant:0.f];
[self.view addConstraint:txViewTopConstraint];
[self.view addConstraint:txViewLeftConstraint];
[self.view addConstraint:txViewRightConstraint];
[self.view addConstraint:txViewHeightConstraint];

UITextField *inputTextF = [[UITextField alloc] init];
inputTextF.backgroundColor = [UIColor clearColor];
inputTextF.textAlignment = NSTextAlignmentRight;
inputTextF.textColor = [UIColor whiteColor];
inputTextF.translatesAutoresizingMaskIntoConstraints = NO;
inputTextF.text = @"0";
inputTextF.font = [UIFont systemFontOfSize:30];
[self.view addSubview:inputTextF];
self.inputTextField = inputTextF;
NSLayoutConstraint *inputTVTopConstraint =
[NSLayoutConstraint constraintWithItem:inputTextF
                                                attribute:NSLayoutAttributeTop
                                                relatedBy:NSLayoutRelationEqual
                                                   toItem:textView
                                                attribute:NSLayoutAttributeBottom
                                               multiplier:1.0f
                                                 constant:0.0f];
NSLayoutConstraint *inputTVLeftConstraint =
[NSLayoutConstraint constraintWithItem:inputTextF
```

```
                                    attribute:NSLayoutAttributeLeft
                                    relatedBy:NSLayoutRelationEqual
                                        toItem:self.view
                                    attribute:NSLayoutAttributeLeft
                                    multiplier:1.0f
                                        constant:10.0f];
    NSLayoutConstraint *inputTVRightConstraint =
    [NSLayoutConstraint constraintWithItem:inputTextF
                                    attribute:NSLayoutAttributeRight
                                    relatedBy:NSLayoutRelationEqual
                                        toItem:self.view
                                    attribute:NSLayoutAttributeRight
                                    multiplier:1.0f
                                        constant:-10.0f];
    NSLayoutConstraint *inputTVHeightConstraint =
    [NSLayoutConstraint constraintWithItem:inputTextF
                                    attribute:NSLayoutAttributeHeight
                                    relatedBy:NSLayoutRelationEqual
                                        toItem:self.view
                                    attribute:NSLayoutAttributeHeight
                                    multiplier:0.1f
                                        constant:0.f];
    [self.view addConstraint:inputTVTopConstraint];
    [self.view addConstraint:inputTVLeftConstraint];
    [self.view addConstraint:inputTVRightConstraint];
    [self.view addConstraint:inputTVHeightConstraint];
```

1.3.3 控件事件处理方法实现

1. ViewController 的创建

创建一个名称为 ViewController 的 Controller，在类的顶部声明用到的 TextView、TextField 和 Button 组件，在 viewDidLoad 方法中调用 setUpUI 方法设置布局视图。通过 init 方法实例化 TextView、TextField 和 Button 对象。

主要代码如下：

```
#import "ViewController.h"
@interface ViewController ()
{
    double nowNumber,prevNumber;              //当前显示数值、上一个操作数
    NSString *nowString;                      //当前显示数值
    char savedOp;                             //保存的运算符
    BOOL isUserInput,isDotInputed,hasPrevNumber;  //当前数字是用户输入的、当前已输入
                                              //小数点、有上一个操作数


}
@property (nonatomic,strong) UITextField *inputTextField;
@property (nonatomic,strong) UITextView *historyTextView;
```

```
@end

@implementation ViewController
- (void)viewDidLoad {
    [super viewDidLoad];
    [self setUpUI];
    //加载视图后执行其他设置，通常是从 nib 中加载
    isUserInput = YES;      //来自用户输入
}

#pragma mark - UI 布局

-(void)setUpUI
{

#pragma mark NSLayoutConstraint
    …
}
```

2. 数值输入响应方法 addNumber

在数值输入时，需要判断当前显示的数值是什么数值，如果当前显示的是正常已经输入的数值，则将最新输入的数值添加到原有数值的后面；如果当前显示的是原有的计算结果，则先清除原有数据；如果只是中间结果，则在清除原有数据时保留原有中间结果。

在数值输入时，对于"0"和小数点则需要判断重复输入的情况，主要代码如下：

```
-(void)addNumber:(UIButton*)btn {
    Button button = (Button) view;
    NSString* newStr = btn.titleLabel.text;
    if (!isUserInput) {//如果是运算结果，则先清除所有数据
        hasPrevNumber = YES;    //要保留中间状态
        prevNumber = nowString.doubleValue;     //保留中间值
        isUserInput = YES;
        isDotInputed = NO;
        [self allClear];
    }
    if (isDotInputed) {//最多输入 12 位，不含小数点
        if (nowString.length>=13)
            return;
    }else{
        if (nowString.length>=12)
            return;
    }

    if ([newStr isEqualToString:@"."]) {

        if (isDotInputed) {
            return;
```

```
            }else{
                isDotInputed = YES;
            }

        }else {
            if ([nowString isEqualToString:@"0"]) {
                nowString = nil;
            }
        }
        if (nowString) {
            nowString = [NSString stringWithFormat:@"%@%@",nowString,newStr];
        }else{
            nowString = newStr;
        }
        nowNumber = nowString.doubleValue;
        [self refreshAndSync];
    }
```

3. 运算符输入响应方法 doCalc

在运算符输入时，需要判断之前是否已输入过运算符。如果有输入，则进行一次计算再记录本次输入的运算符；如果之前没有过输入，则直接记录本次输入的运算符。主要代码如下：

```
    -(void)doCalc:(UIButton*)btn{
        if (!nowString) {//未输入数字不允许输入运算符
            return;
        }
        isUserInput = NO;
        if (savedOp&&hasPrevNumber) {//对上次运算结果继续运算
            [self calc];
            nowString = [NSString stringWithFormat:@"%g",prevNumber];
            [self refreshAndSync];
        }

        switch (btn.tag) {
            case 0: //+
                savedOp = '+';
                break;
            case 1: //-
                savedOp = '-';
                break;
            case 2: //*
                savedOp = '*';
                break;
            case 3: // /
                savedOp = '/';
                break;
```

```
            case 4: // =
            {
                hasPrevNumber = NO;
                prevNumber = 0;
                nowNumber = 0;
                nowString = nil;
                isUserInput = YES;
                isDotInputed = NO;
                [self refreshAndSync];
            }
                break;
            default:
                break;
        }
    }
```

4. 清除操作符输入响应方法 delNumber

在清除操作符输入时，需要判断当前清除内容是用户输入的数值还是运算结果。如果是用户输入的数值，则删除最后一个数字字符；如果是运算结果，则将运算结果内容全部清零。

主要代码如下：

```
-(void)delNumber{
    if (nowString.length == 0) {//避免越界
        return;
    }
    if (isUserInput) {
        if (nowString.length>1) {
            nowString = [nowString substringToIndex:nowString.length-1];
            if ([nowString rangeOfString:@"."].location!=NSNotFound) {//有小数点
                isDotInputed = YES;
            }else{
                isDotInputed = NO;
            }
            nowNumber = nowString.doubleValue;
        }else{
            nowString = nil;
            nowNumber = 0;
        }

        [self refreshAndSync];

    }else{//如果为计算结果
        hasPrevNumber = NO;
        prevNumber = 0;
        nowNumber = 0;
        nowString = nil;
```

```
            isUserInput = YES;
            isDotInputed = NO;
            [self refreshAndSync];
        }
    }
```

1.3.4　数值计算方法实现

1. 加减乘除计算

根据记录的数值和运算符对结果进行计算。主要代码如下：

```
-(void)calc{

        double result = 0;
        switch (savedOp) {
            case '+':
            {
                result = prevNumber+nowNumber;
            }
                break;
            case '-':
            {
                result = prevNumber-nowNumber;
            }
                break;
            case '*':
            {
                result = prevNumber*nowNumber;
            }
                break;
            case '/':
            {
                result = prevNumber/nowNumber;
            }
                break;
            default:
                break;
        }
        NSString *text = self.historyTextView.text;
        self.historyTextView.text = [NSString stringWithFormat:@"%@\n%g %c %g = %g ",text,
    prevNumber,savedOp,nowNumber,result];
        prevNumber = result;
        nowNumber = prevNumber;
    }
```

2. 开方运算响应方法

对输入的数值进行开方运算，代码如下：

```
-(void)calcSqrt:(UIButton*)btn{

    if (!nowString) {
        return;
    }
    double result = 0;
    isUserInput = NO;
    result = sqrt(nowNumber);

    NSString *text = self.historyTextView.text;
    self.historyTextView.text = [NSString stringWithFormat:@"%@\n%@%g = %g ",text,
    btn.titleLabel.text,nowNumber,result];
    prevNumber = result;
    nowNumber = result;
    nowString = [NSString stringWithFormat:@"%g",result];
    [self refreshAndSync];
}
```

3. 负数操作

根据原有数值取相反数，进行字符串操作。

```
-(void)toggleSign{

    if (!nowString) {
        return;
    }
    if (isUserInput) {
        if (nowNumber==0) {
            return;
        }else{
            nowNumber *=-1;
        }
    }else{
        nowNumber*=-1;
    }
    nowString = [NSString stringWithFormat:@"%g",nowNumber];
    [self refreshAndSync];
}
```

1.4 关键知识点解析

1.4.1 在程序中创建导航栏

1. 创建导航控制器

iOS 的 ViewController 不存在导航栏，需要我们创建 UINavigationController 并将当前 Controller 设置为 NavigationController 的根控制器。UINavigationController 会为自己的根控

制器以及所有入栈的 UIViewController 自动添加 UINavigationBar。

开发者可以通过 UINavigationController 的 navigationBar 属性来设置 UINavigationBar 的外观。当然，开发者也可以通过位于栈顶的 UIViewController 的 navigationItem 属性来管理 UINavigationBar 所展示的内容。

```
- (void)viewDidLoad {
    [super viewDidLoad];
    UIViewController *viewController = [[UIViewController alloc] init];
    UINavigationController *nav = [[UINavigationController alloc]
initWithRootViewController:viewController];
}

- (void)pushActionClick {
    UIViewController *viewController = [[UIViewController alloc] init];
    [self.navigationController pushViewController: viewController animated:YES];
    //[self.navigationController showViewController: viewController sender:nil];
}
```

上面的代码演示了如何使一个 UIViewController 拥有导航栏的两种方法。接下来讲解如何简易地修改 UINavigationBar 的内容和外观。

2．UINavigationBar 的内容

通过 UINavigationItem 来决定展示在 UINavigationBar 中的内容。

（1）topItem 展示内容。

```
self.title = @"标题";
```

如果当前 UIViewController 设置了标题文字，则展示文字类导航栏。

```
UIView *titleView = [UIView new];
self.navigationItem.titleView = titleView;
```

如果以上两种都未设置，则该 UIViewController 的 topItem 展示空白。

（2）leftBarButtonItem 展示内容。

```
- (instancetype)initWithCustomView:(UIView *)customView;
```

如果 leftBarButtonItem 设置自定义按钮（UIBarButtonItem），则展示左侧自定义按钮。

```
- (instancetype)initWithBarButtonSystemItem:(UIBarButtonSystemItem)systemItem target:(nullable
id)target action:(nullable SEL)action;
```

如果 leftBarButtonItem 设置通过 UIBarButtonSystemItem 定义的系统封装的 UIBarButtonItem，则展示系统封装的按钮。

如果 UIViewController 未设置 leftBarButtonItem，且不是 NavigationController 的唯一子控制器，当前 UIViewController 位于栈顶时左侧会展示利用文字"Back"封装的返回按钮。

（3）rightBarButtonItem 展示内容。

如果未设置 rightBarButtonItem，则展示空白。除未设置其余情形同 leftBarButtonItem 展示方式基本相同。

3．UINavigationBar 的外观

navigationBar 提供了多种属性来改变展示的样式。

（1）设置透明度。

@property(nonatomic,assign,getter=isTranslucent) BOOL translucent NS_AVAILABLE_IOS(3_0)
UI_APPEARANCE_SELECTOR;
navigationBar.isTranslucent = YES;

（2）设置背景颜色。

@property(nullable,nonatomic,strong) UIColor *barTintColor NS_AVAILABLE_IOS(7_0)
UI_APPEARANCE_SELECTOR;
navigationBar.barTintColor = [UIColor redColor];

（3）设置字体颜色。

@property(nullable,nonatomic,strong) UIColor *barTintColor NS_AVAILABLE_IOS(7_0)
UI_APPEARANCE_SELECTOR;
navigationBar.tintColor = [UIColor whiteColor] ;

（4）阴影图片。

@property(nullable,nonatomic,strong) UIImage *shadowImage NS_AVAILABLE_IOS(6_0)
UI_APPEARANCE_SELECTOR;
navigationBar.shadowImage = [UIImage imageNamed:@"shadow"];

（5）背景图片。

-(void)setBackgroundImage:(nullable UIImage *)backgroundImage forBarMetrics:(UIBarMetrics)
barMetrics NS_AVAILABLE_IOS(5_0) UI_APPEARANCE_SELECTOR;
[self.navigationController.navigationBar setBackgroundImage:[UIImage imageNamed:
@"background"] forBarMetrics:UIBarMetricsDefault];

1.4.2　基础界面布局

iOS 的自动布局主要由 NSLayoutConstraint 来完成。NSLayoutConstraint 这个类的描述为：The relationship between two user interface objects that must be satisfied by the constraint-based layout system。可简单理解为，该类的作用为描述两个用户界面对象之间的布局约束关系。

```
+(instancetype)constraintWithItem:(id)view1
            attribute: (NSLayoutAttribute)attr1
            relatedBy: (NSLayoutRelation)relation
               toItem: (nullable id)view2
            attribute: (NSLayoutAttribute)attr2
           multiplier: (CGFloat)multiplier
             constant: (CGFloat)c;
```

参数说明：

默认参数：指定需要约束的视图 view1。

attribute 参数：指定 view1 的属性 attr1。

relatedBy 参数：指定两视图的约束关系。

toItem 参数：指定依赖的约束视图 view2。

attribute 参数：指定 view2 的属性 attr2。

multiplier 参数：指定一个与 view2 属性相乘的乘数 multiplier。

constant 参数：指定一个与 view2 属性相加的浮点数 c。

依据的公式：view1.attr1 = view2.attr2 * multiplier + constant。

NSLayoutRelation 的重要属性见表 1-1。

表 1-1　NSLayoutRelation 的重要属性

枚举值	说明
NSLayoutRelationLessThanOrEqual	小于或等于
NSLayoutRelationEqual	相等
NSLayoutRelationGreaterThanOrEqual	大于或等于

约束中一个组件位置可以是相对于兄弟组件的位置（如位于兄弟组件的上、下、左、右）或者父容器的位置（如位于父容器的顶部、中央等），在设计时要按照组件之间的依赖关系排列。

由于相对布局的灵活性，在进行具有互相指向规则的两个控件的布局设计时要注意避免产生循环依赖。例如 A 在 B 的左边，B 在 A 的右边，这样两个组件没有指定确定的位置。如果在布局设计中使用了循环依赖，工程将会产生约束错误信息。

NSLayoutAttribute 的主要属性见表 1-2。

表 1-2　NSLayoutAttribute 的主要属性

属性值	说明
NSLayoutAttributeLeft	约束视图的左侧
NSLayoutAttributeRight	约束视图的右侧
NSLayoutAttributeTop	约束视图的顶部
NSLayoutAttributeBottom	约束视图的底部
NSLayoutAttributeLeading	约束视图的前面
NSLayoutAttributeTrailing	约束视图的后面
NSLayoutAttributeWidth	约束视图的宽度
NSLayoutAttributeHeight	约束视图的高度
NSLayoutAttributeCenterX	约束视图的中心点 X 坐标
NSLayoutAttributeCenterY	约束视图的中心点 Y 坐标

iOS 中除 NSLayoutConstraint 外还有多种方法适配不同机型。如按比例计算控件尺寸，由于苹果手机屏幕比例较为统一，可通过在某一特定机型进行页面平铺，通过不同屏幕尺寸的宽度比例来计算劲度系数，将该视图的宽高值乘劲度系数同比缩放来实现适配。可以通过宏定义来简化该操作的工作量，也可以使用可视化语言 VFL 来完成约束。

相对于 NSLayoutConstraint 而言，VFL 的代码量相对少一些，其主要通过 VFL 语句来完成页面约束，如 NSString *VFL = @"V:[view(50)]-30-|";，view 的高度为 50pt，距 SuperView 上边 30pt。其中"|"表示 SuperView，"V"表示垂直方向，简化的抽象语言大大地减少了代码量。当然也可以使用一些第三方布局框架，如 Masonry 来完成约束，或使用 storyboard

等可视化开发工具添加相关约束。

1.4.3 设置程序名称和图标

在工程的 info.plist 文件中找到 Bundle name，将其对应的 value 设为程序名即可。这里需要找到工程目录下的 Assets.xassts 文件，将各尺寸的图标图片拖入文件夹内，并且将 TARGETS 下 App Icons and Launch Images 中的 App Icons Source 设置为对应的图片 Assets。然后重新运行项目，刷新工程即可。

1.4.4 常用文本输入控件及按钮

iOS 为开发者提供了大量的常用控件，比如文本框、输入框、按钮、图片框、列表、网格等。我们首先应该掌握文本框（UITextView）、输入框（UITextField）及按钮(UIButton)的使用方法。UITextView 是一个用于显示且可编辑的文本区域；UITextField 允许用户编辑文本框中的内容；UIButton 可供用户点击，并触发一个 Onclick 事件。UITextView 及 UITextField 皆为文本输入控件，所以有很多共用属性，见表 1-3。

表 1-3　UITextView、UITextField 的常用属性

属性	说明
text	文本内容
attributedText	富文本内容
textColor	文本颜色
textAlignment	文本对齐方式
editable	文本框是否可编辑
font	文本字体

UITextView 与 UITextField 不止属性有很多共通之处，代理方法也非常类似，比如开始编辑和结束编辑：

```
- (void)textViewDidBeginEditing:(UITextView *)textView;
- (void)textViewDidEndEditing:(UITextView *)textView;
- (void)textFieldDidBeginEditing:(UITextField *)textField;
- (void)textFieldDidEndEditing:(UITextField *)textField;
```

UIButton 是一种用于响应用户交互执行自定义代码的控件。我们可以为 Button 添加特定事件，通过点击多次调用此方法，并且可以多个 Button 指定同一个特定事件，并由 sender 区分事件的触发者。

1.4.5 为按钮增加多种样式

很多时候，我们需要按钮在被点击时改变背景或文字颜色，以提供给用户合适的交互反馈，是否被点击其实是控件不同的状态。iOS 中可以通过 UIControlState 文件为控件预设在某种状态下的标题或颜色，我们可以方便地将其用在根据状态展示不同背景和文字颜色

的场景中。

在下面的例子中，我们要为 UIButton 控件分别设置不同状态下的显示效果。

```
UIButton *button = [[UIButton alloc] initWithFrame:CGRectMake(100, 100, 80, 80)];
//默认状态
[button setTitle:@"normal" forState:UIControlStateNormal];
[button setTitleColor:[UIColor blackColor] forState:UIControlStateNormal];
//选中状态
[button setTitle:@"selected" forState:UIControlStateSelected];
[button setTitleColor:[UIColor redColor] forState:UIControlStateSelected];
//高亮状态
[button setTitle:@"highlight" forState:UIControlStateHighlighted];
[button setTitleColor:[UIColor grayColor] forState:UIControlStateHighlighted];
//设置被选中
button.selected = YES;
//设置允许点击交互
button.userInteractionEnabled = YES;
//添加点击事件
[button addTarget:self action:@selector(btnClickAction:) forControlEvents:
UIControlEventTouchUpInside];
[self.view addSubview:button];
```

接下来，我们对 UIButton 的一些常用属性及支持的状态进行逐一说明。

● userInteractionEnabled：设置触摸或点击事件是否为可用状态，一般只在 NO 时设置该属性，表示不可用状态。
● selected：是否选中属性，true 表示已选中，false 表示未选中。
● UIControlStateHighlighted：高亮状态，表示已按压状态。
● UIControlStateNormal：默认状态，按钮初始状态。
● UIControlStateSelected：按钮的选中状态，当 button.selected 属性为 YES 时，button 的状态为选中状态。

当然，我们还可以设置 button 属性或者在 button 的 click 事件中获取 UIButton 对象，通过代码改变 button 的文字、字体、颜色等样式。

1.5　问题与讨论

1．程序如何适应不同的分辨率？
2．按钮有几种不同的状态，如何通过 storyboard 布局实现在不同尺寸下显示不同的背景图片？

项目 2 天气预报（一）——基于离线数据的天气应用

项目导读

在企业级移动应用中，天气预报是常见的功能。在本项目中，我们通过对天气预报应用开发过程的学习，进一步掌握移动应用开发的重要思想，在注重项目总体分析、功能模块拆分、操作流程分析、功能及界面设计的同时，进一步增加了对程序架构设计的介绍。架构设计在整个应用的实现过程中起到了举足轻重的作用，好比大厦的地基，大厦是否稳固、未来是否有改造和升级的空间都和地基是否合理健壮息息相关。学习完本项目后，希望读者能够初步体会到架构设计的概要。

项目需求描述如下：

1. 根据所选城市显示天气信息。

2. 可以选择并收藏多个城市，选择多个城市后，天气信息可以通过手势在不同的城市之间切换。

3. 根据雨、雪、阴、晴等天气情况分别显示不同的图标。

教学目标

- 具备简单程序架构设计的能力。
- 掌握 UIScrollView 和 UITableView 控件的用法。
- 掌握 UICollectionView 控件的用法。
- 了解属性声明常用关键字。
- 理解委托模式机制。

2.1 总体设计

2.1.1 总体分析

根据项目需求进行分析，天气预报应用应实现以下功能：界面友好，方便使用；显示城市名、当日温度区间、天气情况、实时温度、实时天气的图标；能够显示未来几天的天气情况；可添加城市，添加新城市后能显示新城市的天气，并支持不同城市间天气信息页的切换。

本应用基于离线的天气信息数据，数据保存在程序代码中。

整个程序除总体模块外，主要分为基础架构模块、用户界面模块、数据管理与控制模块三大部分。在整个系统中总体模块控制系统的生命周期，用户界面模块负责显示城市天气数据、天气状态图标以及各个城市间的显示切换；数据管理与控制模块主要提供数据管理功能，为用户界面模块提供数据，同时可以接收并保存用户界面模块产生的数据。

2.1.2 功能模块框图

根据总体分析结果可以总结一下功能模块，框图如图 2-1 所示。

图 2-1　功能模块框图

总体模块的作用主要是生成应用程序的主类，控制应用程序的生命周期。基础架构模块主要提供程序架构、公用的方法，包括自定义风格对话框、自定义提示框等功能；数据管理与控制模块主要提供数据获取、数据解析、数据组织、数据缓存等功能；用户界面模块包括城市天气显示、城市管理显示、操作提示等功能；数据管理与控制模块和用户界面模块可以调用基础架构模块的一些通用方法。数据管理与控制模块为用户界面模块提供数据，同时可以接收并保存用户界面模块产生的数据。

2.1.3 系统流程图

根据总体分析结果及功能模块框图梳理出系统启动的主要流程，如图 2-2 所示。

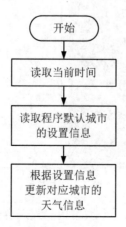

图 2-2　系统流程图

2.1.4 界面设计

在系统总体分析及功能模块划分清楚后，可以开始考虑界面的设计。本应用用于显示城市的天气情况，设计界面时应该考虑怎样将相关的元素更清晰地表现出来。

根据程序功能需求可以规划出软件的主要界面。

● 启动应用程序页面：启动应用程序的欢迎页面。

● 设置界面：对需要显示天气预报的城市进行设置。

● 显示界面：通过文字和图片显示当前的天气情况，主要包括日期、时间、城市、最高温度、最低温度、当前温度、雨雪情况等；支持不同城市界面的切换，同时每个城市可以显示今后四天的天气情况。

对于设置页，由于主要是对城市的选择，因此考虑使用 UICollectionView 方式显示城市列表；对于显示界面，考虑每个城市使用一个屏幕页面，不同屏幕页面间通过滑动切换，因此考虑使用 UIScrollView 方式显示；一个城市页面中，今后四天的天气情况可使用 UITableView 列表进行展示。

程序界面如图 2-3 所示。

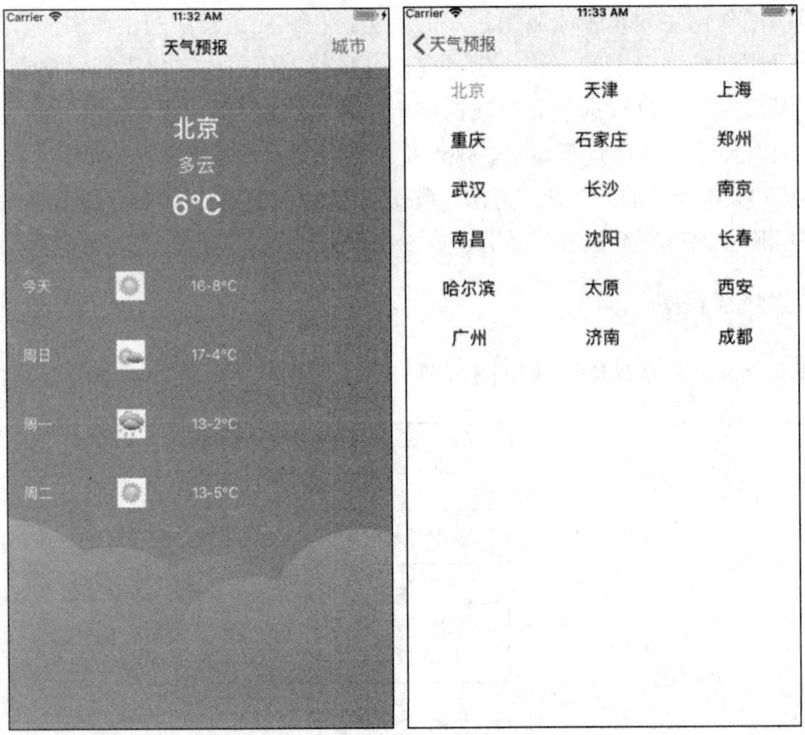

图 2-3　主界面

从图 2-3 可以很直观地看到，一个城市信息显示界面区域主要是当天显示区和未来几天显示区。

- 当天显示区：用于显示当前城市、当前天气情况和当前温度。
- 未来几天显示区：用于显示未来几天的天气情况、温度范围。

不同城市显示页面间的切换可通过滑动屏幕来实现。

2.2 详细设计

2.2.1 模块描述

在系统整体分析及界面布局设计完成后，主要工作就转入对各个功能模块的详细设计阶段。

1. 基础架构模块详细设计

基础架构模块主要提供程序架构、公用的方法，包括自定义风格对话框、自定义提示框等功能。

基础架构模块的功能图如图 2-4 所示。

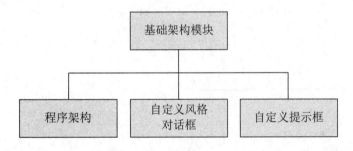

图 2-4 基础架构模块的功能图

2. 用户界面模块详细设计

用户界面模块的主要任务是显示天气信息和实现与用户的交互，即当用户点击按键或屏幕的时候监听器会去调用相应的处理方法或其他相应的处理模块。

本模块包括城市天气显示、城市管理显示、操作提示等功能。

用户界面模块的功能图如图 2-5 所示，用户界面模块的序列图如图 2-6 所示。

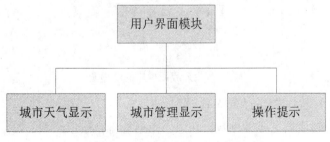

图 2-5 用户界面模块的功能图

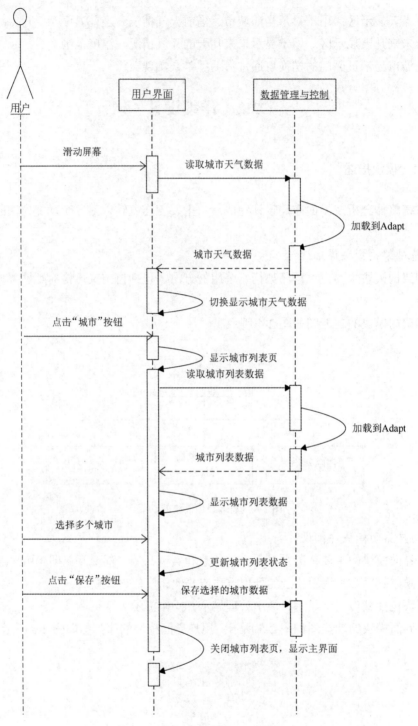

图 2-6   用户界面模块的序列图

3. 数据管理与控制模块详细设计

数据管理与控制模块主要提供数据获取、数据解析、数据组织、数据缓存等功能。数据管理与控制模块的功能图如图 2-7 所示。

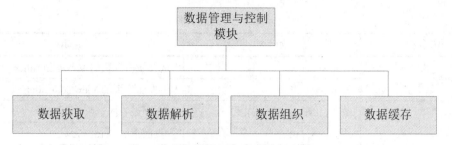

图 2-7　数据管理与控制模块的功能图

2.2.2　源文件组及其资源规划

1. 文件结构

在系统各个模块的实现方式和流程设计完成后，即可对系统主要的组和资源进行规划，划分的原则主要是保持各个组相互独立，耦合度尽量低。

iOS 中界面部分也采用了当前比较流行的 MVC 框架。

（1）视图层（View）。在工程中命名为 view 的组中存放了一些界面显示相关的文件，进行界面的描述，使用的时候可以非常方便地引入。iOS 应用程序开发中，所有的控件、窗口等都继承自 UIView，对应 MVC 中的 V。UIView 及其子类主要负责 UI 的实现，而 UIView 所产生的事件都可以采用委托的方式交给 UIViewController 实现。

（2）控制层（Controller）。在工程中命名为 controller 的组中存放了一些 Controller，用于 iOS 的控制层操作。对于不同的 UIView，有相应的 UIViewController，对应 MVC 中的 C。例如在 iOS 上常用的 UITableView，其所对应的 Controller 就是 UITableViewController。

（3）模型层（Model）。在工程中命名为 model 的组中存放了模型层文件，用于对数据、网络等的操作。模型对象封装了应用程序的数据并定义操控和处理该数据的逻辑和运算。用户在视图层中所进行的创建或修改数据的操作通过控制器对象传达出去，最终会创建或更新模型对象。而当模型对象更改时，它会通知控制器对象，控制器对象更新相应的视图对象。

系统使用两个 UIViewController，一个用于显示城市天气信息，一个用于显示城市设置列表。组及其资源结构如图 2-8 所示。

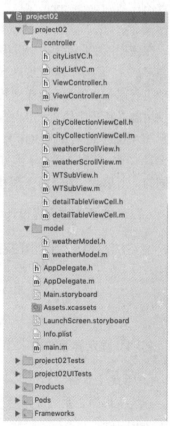

图 2-8　组及其资源结构

2. 源代码文件

源代码文件见表 2-1。

表 2-1　源代码文件

组名称	文件名	说明
controller	cityListVC	"选择城市"页的 ViewController
	ViewController	"主界面"页的 ViewController
view	cityCollectionViewCell	城市列表中的一个 Cell
	weatherScrollView	主页面中的 ScrollView
	WTSubView	天气显示子视图
	detailTableViewCell	天气显示子视图中的一项
model	weatherModel	天气信息模型对象

3. 资源文件

Xcode 可以使用 xcassets 对图片进行管理，这些图片会被默认划分为 1x、2x、3x 三种尺寸。假设图片名为 a.png，则这张图片会被自动填充到 1x 的位置：假设图片名为 a@2x.png，则这张图片会被自动填充到 2x 的位置；假设图片名为 a@3x.png，则这张图片会被自动填充到 3x 的位置。

在使用这些图片前，需要区分分辨率和点。在 retina 屏幕下，一个点表示两个或三个像素；在非 retina 屏幕下，一个点表示一个像素，而像素就是常说的分辨率。在开发中使用的是点（比如 30*30，不是表示 30*30 像素，而是表示 30*30 点，这样的话 iOS 系统会自动把点转换为对应的像素）。由于不同手机屏幕的分辨率同它的点的倍数是不同的，所以我们在实际开发中需要准备多套图片。

2.2.3　主要方法流程设计

主要方法流程设计如图 2-9 所示。

图 2-9　主要方法流程设计

2.3　代码实现

2.3.1　显示界面布局

1. 系统主界面

系统主界面是系统进入后显示的界面，其中包括一个 UIScrollView、一个 UITableView，如图 2-10 所示。

2. 城市设置界面

城市设置界面用于设置在主界面上显示的城市，其中显示了 18 个大城市的名称，用户可以选择设置。该界面包括一个 UICollectionView，如图 2-11 所示。

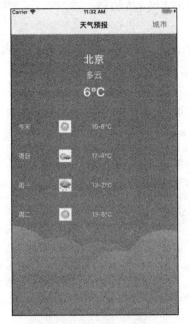

图 2-10　系统主界面

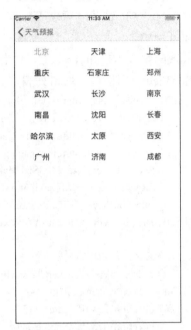

图 2-11　城市设置界面

2.3.2　控件设计实现

1.　ViewController

controller 组下的 ViewController 类为程序主页面。该页面中主要控件为一个自定义类型的控件 weatherScrollView 和一个 UIButton。具体代码如下：

```
CGRect navRect = self.navigationController.navigationBar.frame;
weatherScrollView *scrView = [[weatherScrollView alloc]initWithFrame:CGRectMake(0,
CGRectGetMaxY(navRect), kScreenWidth,kScreenHeight - CGRectGetMaxY(navRect))];
scrView.dataSource = self;
scrView.backgroundColor = [UIColor whiteColor];
[scrView starRender];
[self.view addSubview:scrView];
self.scrollView = scrView;

UIButton *backBtn = [UIButton buttonWithType:UIButtonTypeCustom];
backBtn.frame = CGRectMake(0, 0, 50, 30);
[backBtn setTitle:@"城市" forState:UIControlStateNormal];
[backBtn setTitleColor:[UIColor grayColor] forState:UIControlStateNormal];
[backBtn addTarget:self action:@selector(showAction)
forControlEvents:UIControlEventTouchUpInside];
UIBarButtonItem *rightItem = [[UIBarButtonItem alloc] initWithCustomView:backBtn];
self.navigationItem.rightBarButtonItem = rightItem;
```

其中 weatherScrollView 是一个自定义类型的 View，页面中只包含了一个 UIScrollView。

可以通过设置其成员变量 dataSource 来通知该 View 显示哪些城市的天气信息。每个城市在该页面中显示在一个 WTSubView 中，并通过滑动来实现城市的切换。

2．cityListVC

controller 组下的 cityListVC 类为城市选择页面。该页面的主要控件为一个 UICollectionView，用于显示城市列表，具体代码如下：

```
self.view.backgroundColor = [UIColor whiteColor];
UICollectionViewFlowLayout *flowLayout = [[UICollectionViewFlowLayout alloc]init];
flowLayout.minimumInteritemSpacing = 0;
flowLayout.minimumLineSpacing = 0;
flowLayout.itemSize = CGSizeMake(kScreenWidth/3.0, 50);
CGRect navRect = self.navigationController.navigationBar.frame;
_collectionView=[[UICollectionView alloc]initWithFrame:CGRectMake(0, 0, kScreenWidth, kScreenHeight-CGRectGetMaxY(navRect)) collectionViewLayout:flowLayout];

//注册显示 Cell 的类型
[_collectionView registerClass:[cityCollectionViewCell class] forCellWithReuseIdentifier:
@"cityCollectionViewCell"];
_collectionView.delegate=self;
_collectionView.dataSource=self;
_collectionView.bounces=NO;
_collectionView.scrollEnabled=NO;
_collectionView.showsVerticalScrollIndicator=NO;     //指示条
_collectionView.backgroundColor=[UIColor whiteColor];
[self.view addSubview:_collectionView];
```

2.3.3 主要代码功能分析

1．城市天气数据构建

在构建本地天气信息时主要使用了两个自定义的数据模型 weatherModel 和 detailModel。其中 weatherModel 为保存城市信息及天气信息的数据模型，并且由于城市信息中包含了数个具体到天的天气信息，每天的天气信息都包含相同的内容，所以又将此类信息进一步封装为 detailModel。具体代码如下：

```
-(void)setUpData{
    NSArray *citys = @[@"北京",@"天津",@"上海",@"重庆",@"石家庄",@"郑州",@"武汉",
@"长沙",@"南京",@"南昌",@"沈阳",@"长春",@"哈尔滨",@"太原",@"西安",@"广州",@"济南",
@"成都"];
    NSArray *weathers = @[@[@"多云",@"多云转晴",@"晴转多云",@"晴",@"雨"];

    NSMutableArray *cityList = [NSMutableArray arrayWithCapacity:citys.count];
    for (int i = 0; i<citys.count; i++) {

        weatherModel *weather = [[weatherModel alloc] init];
        weather.cityID = [NSString stringWithFormat:@"%d",i];
        weather.isSelect = NO;
```

```
        weather.city = citys[i];
        //取 0～20 之间的随机数作为当前城市温度
        weather.currentTemp = [NSString stringWithFormat:@"%d℃",(arc4random() % 20)];
        //按照多云、多云转晴、晴转多云、晴、雨的顺序依此设置各个城市的天气
        weather.currentWeather = weathers[i%weathers.count];
        NSMutableArray *details = [NSMutableArray arrayWithCapacity:4];
//假设当前为周六，并依次设置当前与之后 3 天的温度
for (int j = 0; j<4; j++) {
        detailModel *detail = [[detailModel alloc] init];
        NSString *date = @"日期";
        NSString *temp = @"0-10℃";
        switch (j) {
            case 0:
            {
                date = @"今天";
                temp = @"16-8℃";
            }
                break;
            case 1:
            {
                temp = @"17-4℃";
                date = @"周日";
            }

                break;
            case 2:
            {
                temp = @"13-2℃";
                date = @"周一";
            }

                break;
            case 3:
            {
                temp = @"13-5℃";
                date = @"周二";
            }
                break;
            default:
                break;
        }

        detail.date = date;
        detail.type = j%3;
        detail.temperature = temp;
        [details addObject:detail];
```

```
        }
        weather.detailInfo = details;

        [cityList addObject:weather];
    }
    self.orgArray = cityList;


}
```

2. UIViewController 的生命周期方法

不论在本项目示例代码中的 ViewController 类、cityListVC 类，还是在其他代码中的 ViewController 类中，我们都经常看到以下几个函数：viewDidLoad、viewWillAppear、viewDidAppear、viewWillDisappear 和 viewDidDisappear。其中前 3 个为页面生成及显示时执行的方法，后两个为页面销毁或被覆盖时执行的方法。

（1）viewDidLoad：在视图加载后被调用，如果是在代码中创建的视图加载器，它将会在 loadView 方法后被调用；如果是从 nib 视图页面输出，它将会在视图设置好后被调用。我们可以在该函数中对界面进行数据以及显示的初始化设置，例如 ViewController 就作了如下设置：

```
- (void)viewDidLoad {
    [super viewDidLoad];
    //初始化城市天气数据
    [self setUpData];
    //初始化 UI 显示信息
    [self setUpUI];
    self.view.backgroundColor = [UIColor whiteColor];
}
```

（2）viewWillAppear：视图即将可见时调用。默认情况下不执行任何操作。更新准备显示的视图的信息。

（3）viewDidAppear：视图已完全过渡到屏幕上时调用，用来触发视图完全显示在屏幕上之后的行为，例如任何动画。

以上（2）和（3）两个方法多用于页面信息的更新，例如本例中点击主页右上方的"城市"按钮，对所选城市进行添加或删除操作后，返回主页面时需要对主页面显示的城市天气进行更新，即可在方法 viewWillAppear 中进行：

```
-(void)viewWillAppear:(BOOL)animated{
    dispatch_async(dispatch_get_main_queue(), ^{
        [self refreshData];
    });
}
```

（4）viewWillDisappear：对象的视图即将消失、被覆盖或是隐藏时调用。

（5）viewDidDisappear：对象的视图已经消失、被覆盖或是隐藏时调用。

3. 声明属性常用关键字

声明属性时，在 ARC 环境下会经常用到几个关键字：nonatomic、atomic、readonly、

readwrite、strong、copy、assign、weak，不同的关键字会赋予属性不同的特性。

（1）nonatomic：非原子性访问，对属性赋值的时候不加锁，多线程并发访问会提高性能。如果不加此属性，则默认是两个访问方法都为原子性访问。在 iOS 开发中，几乎所有属性都声明为 nonatomic。一般情况下并不要求属性必须是"原子的"，因为如果要实现"线程安全"的操作，还需要采用更为深层的锁定机制才行。

（2）atomic：设置成员变量的@property 属性时，默认为 atomic，提供多线程安全。

（3）readwrite：同时产生 setter/getter 方法。

（4）readonly：只产生简单的 getter，没有 setter。

（5）strong：在 ARC 环境下等同于 retain，声明属性的默认关键字。浅拷贝，拷贝指针。例如我们在 cityListVC.h 中的声明@property (nonatomic,strong) NSMutableArray *cityList 即为此种类型。在 ViewController 类中有如下代码：

```
-(void)showAction{
    cityListVC *listVc = [[cityListVC alloc] init];
    listVc.cityList = self.orgArray;
    [self.navigationController pushViewController:listVc animated:YES];
}
```

在上述代码中将其赋值为 self.orgArray，这样在 cityListVC 中修改 cityList 时，ViewController 类的 orgArray 也同时被修改。

（6）copy：深拷贝，拷贝内容，copy 就是复制一个不可变 Object 对象。

（7）assign：基础数据类型（NSInteger、CGFloat）和 C 数据类型（int、float、double、char 等）使用。

（8）weak：对象销毁之后会自动置为 nil，防止野指针。delegate 基本总是使用 weak，以防止循环引用。

4. delegate 的用法

在 WTSubView 类中可以看到 delegate 的应用（tableView.delegate = self;），将一个 tableView 的 delegate 设置为 WTSubView 自己。我们首先需要知道什么是 delegate，delegate 是委托模式。委托模式是将一件属于委托者做的事情交给另外一个被委托者来处理。

一般来说我们使用委托模式有如下几种情况：

● 传递事件：当委托者发生了某些事件，希望被委托者知晓，并在被委托者内做出某些响应。如 tableView:didSelectRowAtIndexPath:就是 UITableView 点击了某个 Cell 的时候，希望其他类（通常是 ViewController）响应这个点击事件。

● 确认事件：当委托者发生某些事件，但委托者本身无法确定能否执行某动作时，向被委托者询问。如 tableView:shouldHighlightRowAtIndexPath:是 UITableView 询问其他类能否高亮显示某个 Cell，当返回 NO 的时候，UITableView 就不会执行 Cell 的高亮方法。

● 传递值：当委托者需要某个数据的时候，由被委托者来提供。如 tableView: cellForRowAtIndexPath:是需要某个 Cell 的时候由被委托者提供这个 Cell。

在 WTSubView 中就分别实现了如下几个 UITableView 的 delegate 方法：

```objc
-(CGFloat)tableView:(UITableView *)tableView heightForRowAtIndexPath:(NSIndexPath *)indexPath{
    return 70;           //设置 tableView 的行高为 70
}

-(NSInteger)tableView:(UITableView *)tableView numberOfRowsInSection:(NSInteger)section{
    return self.weather.detailInfo.count;    //设置 tableView 的行数
}

-(CGFloat)tableView:(UITableView *)tableView heightForHeaderInSection:(NSInteger)section{
    return 150.0f;       //设置 section header 的高度为 150
}
//返回 section header 的 view，其上显示城市名、当前温度和当前天气
-(UIView *)tableView:(UITableView *)tableView viewForHeaderInSection:(NSInteger)section{
    UIView * view = ({
        view = [[UIView alloc] initWithFrame:CGRectMake(0, 0, kScreenWidth, 150)];
        view.backgroundColor = [UIColor clearColor];

        UILabel* cityNameLab = [[UILabel alloc] initWithFrame:CGRectMake(20, 10,
        kScreenWidth-20*2, 30)];
        cityNameLab.backgroundColor = [UIColor clearColor];
        cityNameLab.textAlignment = NSTextAlignmentCenter;
        cityNameLab.font = [UIFont boldSystemFontOfSize:25];
        cityNameLab.text = self.weather.city;
        cityNameLab.textColor = [UIColor whiteColor];
        [view addSubview:cityNameLab];


        UILabel*infoLab = [[UILabel alloc] initWithFrame:CGRectMake(CGRectGetMinX
          (cityNameLab.frame), CGRectGetMaxY(cityNameLab.frame)+10, CGRectGetWidth
          (cityNameLab.frame), 25)];
        infoLab.textAlignment = NSTextAlignmentCenter;
        infoLab.textColor = [UIColor whiteColor];
        infoLab.font = [UIFont systemFontOfSize:20];
        infoLab.text = self.weather.currentWeather;
        [view addSubview:infoLab];

        UILabel*tempLab = [[UILabel alloc] initWithFrame:CGRectMake(CGRectGetMinX
          (infoLab.frame), CGRectGetMaxY(infoLab.frame)+10, CGRectGetWidth(infoLab.frame), 35)];
        tempLab.textAlignment = NSTextAlignmentCenter;
        tempLab.textColor = [UIColor whiteColor];
        tempLab.font = [UIFont boldSystemFontOfSize:30];
        tempLab.text = self.weather.currentTemp;
        [view addSubview:tempLab];

        view;
    });

    return view;
```

```
    }
//返回 tableView 的某一行视图
-(UITableViewCell *)tableView:(UITableView *)tableView cellForRowAtIndexPath:(NSIndexPath
*)indexPath{
    static NSString* const identifier = @"weatherCell";
    detailTableViewCell *cell = [tableView dequeueReusableCellWithIdentifier:identifier];
    if (!cell) {
        cell = [[detailTableViewCell alloc] initWithStyle:UITableViewCellStyleDefaultreuseIdentifier:identifier];
    }
    cell.selectionStyle = UITableViewCellSelectionStyleNone;
    cell.backgroundColor = [UIColor clearColor];
    [cell setDetailInfo:self.weather.detailInfo[indexPath.row]];
    return cell;
}
```

2.4　关键知识点解析

iOS 常用的基本界面组件，如 UIButton、UITextView、UITextField、UIImageView 等，用于显示基本的数据单位，只要对每个控件的布局属性和方法加以了解，就可以比较快速地掌握其用法。然而当数据是以数组或集合形式表示时，我们将如何处理呢？诚然，我们可以利用循环的方式将数据逐一显示在各个基本界面组件中，可是当数组或集合中的数据改变时，我们需要界面组件跟踪这些改变，并同步更改显示的数据。显然，仅通过循环加载基本组件的方式来处理数据的改变并不轻松。因此，iOS 专门为我们提供了相应加载数组或集合的组件来动态管理数据变更与 View 显示的同步。本项目将对 UIScrollView、UITableView 和 UICollectionView 进行详细介绍。

2.4.1　UIScrollView 控件的用法

UIScrollView 是一个能够滚动的视图控件，由于移动设备的屏幕大小有限，因此直接展示在用户眼前的内容也相当有限。当需要展示的内容较多以至于超出一个屏幕时，用户可通过滑动手势来查看屏幕以外的内容。例如本例中的主页面需要展示多个城市的天气信息，放在一个页面中显然不合适。因此我们采用 UIScrollView 分屏幕显示，并使用滑动的方式来进行切换。

先来介绍 UIScrollView 的常用属性。

- contentSize：设置内容的大小。
- contentOffset：设置内容的偏移量。
- bounces：设置滚动到边界时是否有弹簧效果。
- pagingEnabled：当值为 YES 时，会自动滚动到子视图边界（默认为 NO）。如本例中的主页面，当切换城市时会自动使当前城市信息完整地显示在屏幕上。
- scrollEnable：是否能够滚动（默认为 YES）。

- scrollToTop：点击状态栏是否回到顶部（默认为 YES）。
- showHorizontalScrollIndicator：是否显示水平方向滚动条。
- showVerticalScrollIndicator：是否显示垂直方向滚动条。
- maximumZoomScale：最大缩放比例。
- minimumZoomScale：最小缩放比例。
- bouncesZoom：缩放时是否有弹簧效果。
- zoomScale：设置变化比例。

可以通过这些参数来设置一个 UIScrollView 的基本属性，大部分时候还需要对用户的操作进行一些实时的响应，这就需要我们实现 UIScrollViewDelegate 定义的接口：

```
//滚动时调用，可以实时监测滚动变化
- (void)scrollViewDidScroll:(UIScrollView*)scrollView
//实时监测缩放
- (void)scrollViewDidZoom:(UIScrollView*)scrollView
//开始拖动的时候调用
- (void)scrollViewWillBeginDragging:(UIScrollView*)scrollView
//停止拖动的时候调用
- (void)scrollViewWillEndDragging:(UIScrollView*)scrollView withVelocity:(CGPoint)velocity targetContentOffset:(inoutCGPoint*)targetContentOffset
//结束拖动时调用
- (void)scrollViewDidEndDragging:(UIScrollView*)scrollView willDecelerate:(BOOL)decelerate
//开始减速的时候调用
- (void)scrollViewWillBeginDecelerating:(UIScrollView*)scrollView
//结束减速的时候调用
- (void)scrollViewDidEndDecelerating:(UIScrollView*)scrollView
//设置 scrollview 动画，动画结束后调用
- (void)scrollViewDidEndScrollingAnimation:(UIScrollView*)scrollView
//返回可以缩放的 view
- (UIView*)viewForZoomingInScrollView:(UIScrollView*)scrollView
//开始缩放的时候调用
- (void)scrollViewWillBeginZooming:(UIScrollView*)scrollView withView:(nullableUIView*)view
//结束缩放的时候调用
- (void)scrollViewDidEndZooming:(UIScrollView*)scrollView withView:(nullableUIView*)view atScale:(CGFloat)scale
//是否可以拖动到顶部
- (BOOL)scrollViewShouldScrollToTop:(UIScrollView*)scrollView
//可以拖动到顶部时，拖动结束后调用
- (void)scrollViewDidScrollToTop:(UIScrollView*)scrollView
```

2.4.2　UITableView 控件的用法

UITableView 是经常会用到的一个控件，平时使用的软件中也经常能看到。它有 UITableViewStylePlain 和 UITableViewStyleGrouped 两种风格。前者按照普通的列表样式显示，后者按照分组样式显示，如图 2-12 和图 2-13 所示。

图 2-12　普通列表样式的 UITableView　　　　图 2-13　分组样式的 UITableView

由于手机屏幕大小以及操作等限制，UITableView 中数据只有行的概念没有列的概念。UITableView 中每行数据都是一个 UITableViewCell。

为了在这个控件中显示更多的信息，iOS 在其内部设置了多个子控件以供开发者使用。在 UITableViewCell 的声明文件中可以看到，在其内部包含一个 UIView 控件 contentView 作为其他元素的父控件。其内部包含两个 UILable 控件（textLabel、detailTextLabel）、一个 UIImage 控件（imageView），分别用于显示内容、详情和图片。当然为了与程序设计相符，我们并不一定全部使用这些控件，而是可以根据具体需要使用其中的一部分，或者由我们自己向其中添加其他控件。

为了让数据在 UITableView 中显示，还需要为它提供一个数据源（dataSource），并实现 UITableViewDataSource 协议。主要包括以下几个接口：

　　//返回 UITableView 一共有多少组

　　- (NSInteger)numberOfSectionsInTableView:(UITableView*)tableView

　　//返回 UITableView 第 section 组有多少行

　　- (NSInteger)tableView:(UITableView*)tableView numberOfRowsInSection:(NSInteger)section

　　//返回 UITableView 第 indexPath 行显示怎样的 Cell

　　- (UITableViewCell*)tableView:(UITableView*)tableView cellForRowAtIndexPath:(NSIndexPath*) indexPath

　　//返回 UITableView 第 section 组的头部标题

　　- (NSString*)tableView:(UITableView*)tableView titleForHeaderInSection:(NSInteger)section

　　//返回 UITableView 第 section 组的尾部标题

　　- (NSString*)tableView:(UITableView*)tableView titleForFooterInSection:(NSInteger)section

此外还可以为 UITableView 提供一个代理（delegate），通过实现 UITableViewDelegate 协议来设置 UITableView 的一些显示样式，以及处理 UITableView 接收某些事件时程序需要作出的响应。例如：

```
//返回 UITableView 第 indexPath 行的高度
- (CGFloat)tableView:(UITableView *)tableView heightForRowAtIndexPath:(NSIndexPath *)
indexPath;
//返回 UITableView 第 section 组头部的高度
- (CGFloat)tableView:(UITableView *)tableView heightForHeaderInSection:(NSInteger)section;
//返回 UITableView 第 section 组尾部的高度
- (CGFloat)tableView:(UITableView *)tableView heightForFooterInSection:(NSInteger)section;
//返回 UITableView 第 section 组头部视图
- (UIView *)tableView:(UITableView *)tableView viewForHeaderInSection:(NSInteger)section;
//返回 UITableView 第 section 组尾部视图
- (UIView *)tableView:(UITableView *)tableView viewForFooterInSection:(NSInteger)section;
//当 UITableView 第 indexPath 行被点击时调用
- (void)tableView:(UITableView *)tableView didSelectRowAtIndexPath:(NSIndexPath *)indexPath
//返回 UITableView 第 indexPath 行是否可以高亮显示
- (BOOL)tableView:(UITableView *)tableView shouldHighlightRowAtIndexPath:(NSIndexPath *)
indexPath
```

2.4.3 UICollectionView 控件的用法

UICollectionView 与 UITableView 有些相似，都能将一组或多组数据有序地在页面中显示。不同点在于 UICollectionView 可以完成许多 UITableView 完成不了的复杂布局。UITableView 主要有 plain 和 group 两种布局，而 UICollectionView 则可以根据需要自定义各种各样的复杂布局。

与 UITableView 的 dataSource 和 delegate 相似，使用 UICollectionView 需要实现 UICollectionViewDataSource 和 UICollectionViewDelegate。其常用接口如下：

```
//返回分区个数
- (NSInteger)numberOfSectionsInCollectionView:(UICollectionView*)collectionView{return1; }
//每个分区 item 的个数
- (NSInteger)collectionView:(UICollectionView*)collectionView
numberOfItemsInSection:(NSInteger)section
//返回第 indexPath 项显示怎样的 Cell
- ( UICollectionViewCell*)collectionView:(UICollectionView*)collectionView
cellForItemAtIndexPath:(NSIndexPath*)indexPath
//返回分区头部视图和分区尾部视图
- (UICollectionReusableView*)collectionView:(UICollectionView*)collectionView
viewForSupplementaryElementOfKind:(NSString*)kind atIndexPath:(NSIndexPath*)indexPath
//点击某个 Cell 时调用
- (void)collectionView:(UICollectionView*)collectionView
didSelectItemAtIndexPath:(NSIndexPath*)indexPath
```

UICollectionView 的布局相对来说更加多样化，例如支持水平布局和垂直布局、item 大小和位置可以自由定义等。实现方式有以下 3 种方式：

（1）初始化时传入 UICollectionViewLayout 对象，通过设置 UICollectionViewLayout 对象的属性值设置 Item 的基本布局，包括大小、间距等。例如以下代码：

```
UICollectionViewFlowLayout *flowLayout = [[UICollectionViewFlowLayout alloc]init];
flowLayout.minimumInteritemSpacing = 0;
flowLayout.minimumLineSpacing = 0;
flowLayout.itemSize = CGSizeMake(kScreenWidth/3.0, 50);
CGRect navRect = self.navigationController.navigationBar.frame;
_collectionView=[[UICollectionView alloc]initWithFrame:CGRectMake(0, 0, kScreenWidth,
kScreenHeight-CGRectGetMaxY(navRect)) collectionViewLayout:flowLayout];
```

（2）实现 UICollectionViewLayoutDelegate 协议对应的方法，返回布局需要的值。常用接口如下：

```
//返回 Cell 的大小
- (CGSize)collectionView:(UICollectionView*)collectionView layout:(UICollectionViewLayout*)
collectionViewLayout sizeForItemAtIndexPath:(NSIndexPath*)indexPath
//返回每个分区的内边距
- (UIEdgeInsets)collectionView:(UICollectionView*)collectionView layout:(UICollectionViewLayout*)
collectionViewLayout insetForSectionAtIndex:(NSInteger)section
//返回分区内 Cell 之间的最小行间距
- (CGFloat)collectionView:(UICollectionView*)collectionView layout:(UICollectionViewLayout*)
collectionViewLayout minimumLineSpacingForSectionAtIndex:(NSInteger)section
//返回分区内 Cell 之间的最小列间距
- (CGFloat)collectionView:(UICollectionView*)collectionView layout:(UICollectionViewLayout*)
collectionViewLayout minimumInteritemSpacingForSectionAtIndex:(NSInteger)section
//返回分区头部大小
- (CGSize)collectionView:(UICollectionView*)collectionView layout:(UICollectionViewLayout*)
collectionViewLayout referenceSizeForHeaderInSection:(NSInteger)section
//返回分区尾部大小
- (CGSize)collectionView:(UICollectionView*)collectionView layout:(UICollectionViewLayout*)
collectionViewLayout referenceSizeForFooterInSection:(NSInteger)section
```

（3）自定义一个 UICollectionViewLayout 对象，重写对应方法，返回自定义的布局。

2.5　问题与讨论

1．在一个 UINavigationController 中有 UIViewController A，当向该 UINavigation-Controller 中压入一个 UIViewController B 时，A 与 B 的生命周期函数 viewDidLoad、viewWillAppear、viewDidAppear、viewWillDisappear 和 viewDidDisappear 的执行顺序是怎样的？

2．创建一套委托模式的委托者和被委托者。

3．除本项目已经介绍的以外，UITableViewDelegate 还包含哪些接口，以及其在何时被调用？

项目 3　天天爱读书手机阅读器

项目导读

在企业级移动应用中，文本文件的浏览和展示是十分常见的功能，配合丰富的辅助功能菜单和手势操作基本可以达到掌上阅读器的效果。在本项目中，我们要学习完整的手机阅读器应用开发流程，进一步掌握自定义 UI、手势、文件读写、菜单等功能的实现方法，为 iOS 技术的进阶打下基础。

项目需求描述如下：

1. 从沙盒中读出文件列表，列出存在的所有资料。

2. 从沙盒中加载文本文件，生成阅读界面。

3. 支持手势进行翻页，能够进行动态运算，根据所在页数即时加载该页需要展示的文本内容。

4. 提供辅助菜单，用户可以使用文字大小调节、亮度调节、更换背景、收藏等功能。

教学目标

- 学习视图控制器多个标签页切换使用的相关处理。
- 掌握自定义控件。

3.1　总体设计

3.1.1　总体分析

本系统是一个电子书阅读器，包含一个主界面，用来实现阅读的功能。在阅读界面中时，可进行手动翻页。其他应用中的阅读文件可用本应用打开，即导入书籍；点击设置选项会有 3 种操作可供选择，分别为设置背景图片、设置亮度、设置字体大小，因此用户可根据自己的喜好来设置不同风格的阅读界面。

3.1.2 功能模块框图

功能模块框图如图 3-1 所示。

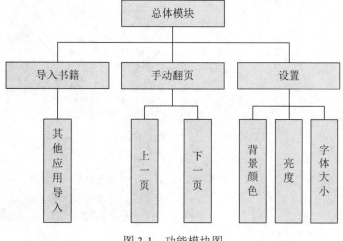

图 3-1 功能模块图

3.1.3 系统流程图

根据总体分析结果及功能模块框图梳理出系统启动的主要流程，如图 3-2 所示。

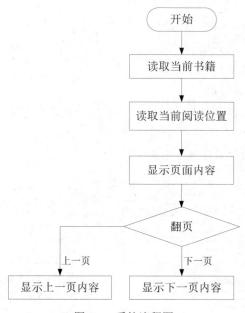

图 3-2 系统流程图

3.1.4 界面设计

主界面如图 3-3 所示。

图 3-3　主界面

3.2　详细设计

3.2.1　模块描述

在系统整体分析及界面布局设计完成后，主要工作就转入对各个功能模块的详细设计阶段。

1. 基础架构模块详细设计

基础架构模块主要提供程序架构、公用的方法，包括自定义风格对话框、自定义提示框等功能。

基础架构模块的功能图如图 3-4 所示。

图 3-4　基础架构模块的功能图

2. 用户界面模块详细设计

用户界面模块的主要任务是显示书籍列表和详细页，以及实现与用户的交互，即当用户点击按键或屏幕的时候监听器会去调用相应的处理方法或其他相应的处理模块。

本模块包括书籍列表显示、详细阅读、设置管理等功能。

用户界面模块的功能图如图 3-5 所示。

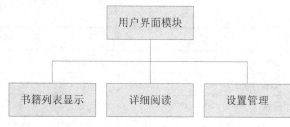

图 3-5　用户界面模块的功能图

3.2.2　源文件组及其资源规划

1. 文件结构

在系统各个模块的实现方式和流程设计完成后，即可对系统的主要视图和资源进行规划，划分的原则主要是保持各个类相互独立，耦合度尽量低。

系统使用 3 个 UIViewController，一个用于显示图书列表，一个用于显示图书详细内容页，另一个显示图书设置页面。各类及其资源结构如图 3-6 所示。

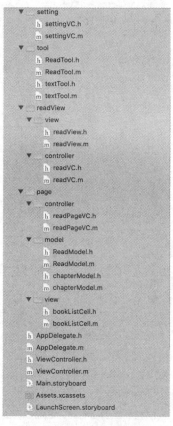

图 3-6　各类及其资源结构

2. 源代码文件

源代码文件见表 3-1。

表 3-1　源代码文件

组名称	文件名	说明
setting	settingVC	设置界面
tool	ReadTool	文件转码及章节拆分
	textTool	文字设置
readView	readView	阅读视图
	readVC	显示阅读视图的 ViewController
page	readPageVC	阅读界面的 ViewController
	ReadModel	阅读器模型对象
	chapterModel	章节模型对象
	bookListCell	阅读列表的一个 Cell
ViewController		阅读列表界面

3.2.3　主要方法流程设计

用户在阅读界面时的操作流程如图 3-7 所示。

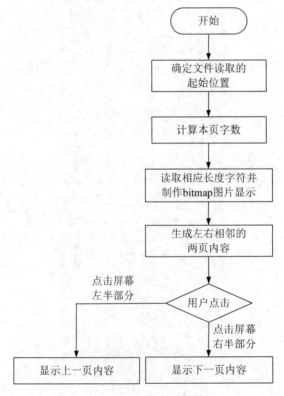

图 3-7　用户在阅读界面时的操作流程

3.3 代码实现

3.3.1 显示界面布局

1. 书籍选择列表页面

书籍选择列表页面是系统进入后显示的界面，其中包括一个 UITableView。在 UITableView 中，列表的每一行包括一个 UIImageView、若干个 UILabel，如图 3-8 所示。

2. 书籍阅读界面

该界面包括一个 UIViewController，程序动态显示书籍内容，如图 3-9 所示。

图 3-8　系统主界面

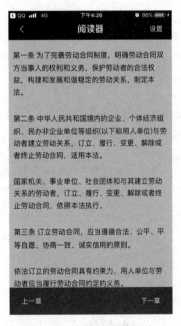

图 3-9　书籍阅读详细页

3.3.2 UIPageViewController 的使用

UIPageViewController 为容器视图控制器，可以添加多个子视图控制器，一般多用于单个视图控制器多个标签页切换使用。程序根据用户手势操作确定是上翻一页还是下翻一页。

```
#pragma mark -PageViewController DataSource
-(UIViewController *)pageViewController:(UIPageViewController *)pageViewController
viewControllerAfterViewController:(UIViewController *)viewController{

    if (self.bookModel.chapters.count == 0) {
        return nil;
    }
```

```
        _add = 1;
        chapterModel *chapter = self.bookModel.chapters[_currentChapterIndex];

        if (_currentPageIndex>=chapter.totalPageNumber-1) {//如果到最后一页
            if ([chapter isEqual:self.bookModel.chapters.lastObject]) {
                return nil;
            }else{
                chapterModel *after = self.bookModel.chapters[_currentChapterIndex+1];
                if (after.totalPageNumber==0) {
                    [after upDateAttributedString];
                }
                return [self readViewWithChapter:after chapterPage:0];
            }
        }else{
            return [self readViewWithChapter:chapter chapterPage:_currentPageIndex+1];
        }

}

-(UIViewController *)pageViewController:(UIPageViewController *)pageViewController
viewControllerBeforeViewController:(UIViewController *)viewController{

    if (self.bookModel.chapters.count == 0) {
        return nil;
    }
    _add = -1;
    chapterModel *chapter = self.bookModel.chapters[_currentChapterIndex];

    if (_currentPageIndex == 0) {
        if ([chapter isEqual:self.bookModel.chapters.firstObject]) {
            return nil;
        }else{
            chapterModel *before = self.bookModel.chapters[_currentChapterIndex-1];
            if (before.totalPageNumber == 0) {
                [before upDateAttributedString];
            }
            return [self readViewWithChapter:before chapterPage:before.totalPageNumber-1];
        }
    }else{
        return [self readViewWithChapter:chapter chapterPage:_currentPageIndex-1];
    }

}

#pragma mark -PageViewController Delegate
- (void)pageViewController:(UIPageViewController *)pageViewController
```

```
didFinishAnimating:(BOOL)finished previousViewControllers:(NSArray *)previousViewControllers
transitionCompleted:(BOOL)completed{


}
- (void)pageViewController:(UIPageViewController *)pageViewController
willTransitionToViewControllers:(NSArray<UIViewController *> *)pendingViewControllers{

    chapterModel *current = self.bookModel.chapters[_currentChapterIndex];
    if (_add>0) {//向右
        if (_currentPageIndex==current.pagesArray.count-1) {
            _currentPageIndex = 0;
            if (_currentChapterIndex<self.bookModel.chapters.count){
                _currentChapterIndex++;
                _currentPageIndex = 0;
            }
        }else{
            _currentPageIndex++;
        }
    }else{
        if (_currentPageIndex == 0) {
            if (_currentChapterIndex > 0){
                _currentChapterIndex--;
                chapterModel *after = self.bookModel.chapters[_currentChapterIndex];
                _currentPageIndex = after.totalPageNumber-1;
            }
        }else{
            _currentPageIndex--;
        }
    }
}
```

3.4 关键知识点解析

3.4.1 UIPageViewController 应用原理

iOS 的 UIPageViewController 控件为我们提供了一种像翻书一样的效果。我们可以通过使用 UIPageViewController 控件来完成类似图书一样的翻页控制方式。假想一下，一本书大概可以分为：每一页和页中相应的数据。使用 UIPageViewController 控件，也是类似的两个构成部分。要有一个书的框架，来控制每一页的内容。

（1）创建一个 ViewController，包含一个 UIPageViewController（用来控制显示）和一个 NSArray（用来存放所有数据）。定义这个 ViewController 类，使用 UIPageViewController 来管理每一页，并提供数据。

（2）声明页对象，根据 UIPageViewController 的调度来显示相应页的内容。

3.4.2　掌握自定义控件

在 iOS 中自定义控件一般需要如下步骤：

（1）自定义 View。

```
- (void)drawRect:(CGRect)rect{
    [super drawRect:rect];
    CGContextRef context = UIGraphicsGetCurrentContext();

    CGContextSetTextMatrix(context, CGAffineTransformIdentity);
    CGContextTranslateCTM(context, 0, self.bounds.size.height);
    CGContextScaleCTM(context, 1.0, -1.0);

    CGMutablePathRef path = CGPathCreateMutable();
    //这里需要创建一个用于绘制文本的路径区域。Mac 上的 Core Text 支持矩形、圆形等不同
    //形状，但在 iOS 上只支持矩形。在这个示例中，你将通过 self.bounds 使用整个视图矩形
    //区域创建 CGPath 引用
    CGPathAddRect(path, NULL, self.bounds );
    //在 Core Text 中使用 NSAttributedString 而不是 NSString，NSAttributedString 是一个非
    //常强大的 NSString 派生类，它允许你对文本应用格式化属性。现在我们还没有用到格式
    //化，这里仅仅使用纯文本
    CTFramesetterRef framesetter =
    CTFramesetterCreateWithAttributedString((CFAttributedStringRef) _Attr);
    //CTFramesetter 是使用 Core Text 绘制时最重要的类。它管理你的字体引用和文本绘制
    //帧。目前你需要了解 CTFramesetterCreateWithAttributedString 通过应用属性化文本创建
    //CTFramesetter。本节中，在 framesetter 之后通过一个所选的文本范围（这里我们选择整
    //个文本）与需要绘制到的矩形路径创建一个帧
    CTFrameRef frame =
    CTFramesetterCreateFrame(framesetter,CFRangeMake(0, [_Attr length]), path, NULL);
    CTFrameDraw(frame, context);
    //CTFrameDraw 将 frame 描述到设备上下文

    CFRelease(frame);
    // Core Frame 下的对象需要自己释放
    CFRelease(path);
    CFRelease(framesetter);
}
```

（2）引用。

```
#import "readView.h"
@property (nonatomic,strong) readView *readView;
```

（3）初始化及赋值。

```
- (void)viewDidLoad {
    [super viewDidLoad];
    self.readView.Attr = self.chapter.pagesArray[_page];
}
```

```
-(void)setPage:(NSInteger)page{
    _page = page;
    dispatch_async(dispatch_get_main_queue(), ^{
        self.readView.Attr = self.chapter.pagesArray[page];
    });
}
-(readView *)readView{
    if (!_readView) {
        readView *view = [[readView alloc] initWithFrame:CGRectMake(10, 30, kScreenWidth-10*2,
kScreenHeight-30*2)];
        view.backgroundColor = [UIColor clearColor];
        [self.view addSubview:view];
        _readView = view;
    }
    return _readView;
}
```

3.5　问题与讨论

如何在原项目基础上给电子书加上目录及书签功能。

项目4 幻彩手机相册——基于本地图库的图片应用

项目导读

在企业级 iOS 应用开发中，图片的处理和优化是应用中必不可少的功能，也是初学者经常遇到且难以解决的难点。熟练地掌握图片的各种操作及优化方法，可以使应用的体验和性能大幅提升。因此，作为 iOS 应用 UI 开发技术的重中之重，我们在本项目中要学习完整的图库应用开发，进一步掌握图片的加载、缩放、压缩等功能的实现方法。

项目需求描述如下：

1. 可浏览手机相册中的图片。
2. 图片切换特效实现。
3. 图片旋转、缩放实现。
4. 媒体播放器实现。

教学目标

- 学习读取图库中的图片的方法。
- 图片处理方法。
- 媒体播放器调用。

4.1 总体设计

4.1.1 总体分析

本系统是一个本地图库的图片应用程序，主要包含图片预览界面、相册选择界面、图片浏览界面。在图片预览界面中，实现读取本地相册，进行图片的展示功能；在相册选择界面中，可选择需要显示的相册；在图片浏览界面中，可对图片进行缩放、分享等操作。

4.1.2 功能模块框图

功能模块框图如图 4-1 所示。

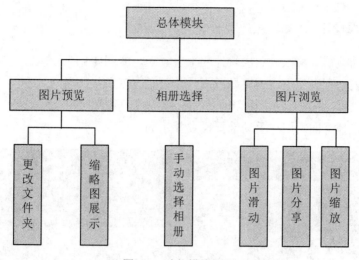

图 4-1 功能模块框图

4.1.3 系统流程图

根据总体分析结果及功能模块框图梳理出系统启动的主要流程，如图 4-2 所示。

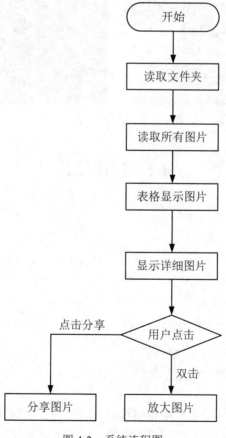

图 4-2 系统流程图

4.1.4 界面设计

根据程序功能需求可以规划出软件的主要界面，如图 4-3 所示。

● 图片表格列表界面：列表显示图片，可更改图片文件夹。

● 详细查看界面：显示图片详细页面，支持滑动翻页。

● 相册选择界面：用户手动选择需要显示的相册。

图 4-3　主界面

4.2　详细设计

4.2.1 模块描述

在系统整体分析及界面布局设计完成后，主要工作就转入对各个功能模块的详细设计阶段。

1. 基础架构模块详细设计

基础架构模块主要提供程序架构，所有 Controller 公用一个 UINavigationController，实现所有控制器导航栏、状态栏等样式统一。

基础架构模块的功能图如图 4-4 所示。

2. 图片预览模块详细设计

图片预览模块的主要任务是显示相册和图片缩略图并实现与用户的交互，即当用户点击图片或者标题的时候监听器会去调用相应的处理方法或其他相应的处理模块。

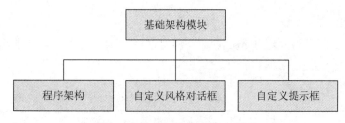

图 4-4 基础架构模块的功能图

本模块包括相册列表、图片详情、照片预览等功能。

图片预览模块的功能图如图 4-5 所示。

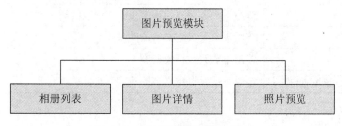

图 4-5 图片预览模块的功能图

4.2.2 源文件组及其资源规划

1. 文件结构

在系统各个模块的实现方式和流程设计完成后，即可对系统主要的组和资源进行规划，划分的原则主要是保持各个组相互独立，耦合度尽量低。

系统使用了 3 个 Controller：一个用于自定义同一化导航栏等的样式，一个用于显示图片列表信息，一个用于显示图片详细信息。组及其资源结构如图 4-6 所示。

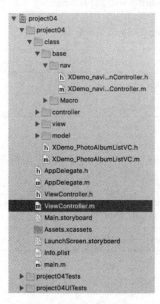

图 4-6 组及资源结构

2．代码分组

示例设置了多个代码分组（group），分别用来保存用户界面、后台服务的源代码文件。分组说明见表 4-1。

表 4-1　分组说明

组	说明
class	该组下放置应用程序主要类
nav	该组下放置自定义导航栏的相关代码
Macro	该组下放置全局通用的宏定义等
controller	该组下放置主要的程序代码和继承的类
view	该组下放置自定义的控件
model	该组下放置数据模型类
cn.com.cucsi.android.widget	该组下放置自定义小控件

3．源代码文件

源代码文件见表 4-2。

表 4-2　源代码文件

组名称	文件名	说明
class	Appdelegate	应用的主程序入口
nav	XDemo_navigationController	自定义的导航控制器
Macro	macro	宏定义类，一个工具类
controller	XDemo_PhotoAlbumListVC	相册选择列表控制器
	XDemo_PhotoBrowserViewController	图片预览控制器
view	XDemo_ImageCollectionCell	自定义的 UICollectionViewCell，用于显示图片预览图
model	XDemo_AlbumAssetModel	相册数据模型
	XDemo_ImageModel	图片数据模型
MWPhotoBrowser	MWPhotoBrowser	图片浏览框架

4．资源文件

iOS 的资源文件保存在 Assets 的子目录中。资源文件列表见表 4-3。

表 4-3　资源文件列表

资源目录	文件	说明
Assets.xcassets	navBackgroundImage	导航栏图标

4.2.3　主要方法流程设计

用户在阅读界面时的操作流程如图 4-7 所示。

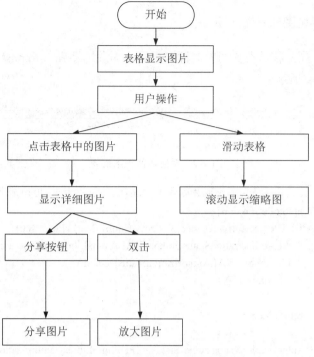

图 4-7　用户在阅读界面时的操作流程

4.3　代码实现

4.3.1　显示界面布局

图片显示列表页面是系统进入后显示的界面，其中包括若干个 ImageView，如图 4-8 所示。

图 4-8　系统主界面

4.3.2 读取手机图库方法实现

访问系统图库首先需要设置图库的读取权限，因此需要在 info.plist 中配置应用的相册访问权限，如图 4-9 所示。

Privacy - Media Library Usage D...	⬦⊕⊖	String	需要您的同意才能访问媒体数据库
Bundle identifier	⬦	String	$(PRODUCT_BUNDLE_IDENTIFIER)
InfoDictionary version	⬦	String	6.0

图 4-9　相册访问权限配置

判断通讯录权限是否开启，适配 iOS 8.0 判断用户是否开启通讯录权限：

```
-(BOOL)photoPermission{
    if ([[[UIDevice currentDevice] systemVersion] floatValue] < 8.0){
        ALAuthorizationStatus author = [ALAssetsLibrary authorizationStatus];
        if ( author == ALAuthorizationStatusDenied ) {
            return NO;
        }
        return YES;
    }
    PHAuthorizationStatus authorStatus = [PHPhotoLibrary authorizationStatus];
    if ( authorStatus == PHAuthorizationStatusDenied ) {
        return NO;
    }
    return YES;
}
```

执行完上述代码后，系统将判断用户是否开启了相册读取权限，用户同意图片权限完毕后需要读取相册中的图片，因此接下来我们需要学习 Photos 库的用法。

获取相册资源，预加载相机胶卷中的图片资源：

```
-(void)getImagesSource{
    MBProgressHUD *hud = [MBProgressHUD showHUDAddedTo:self.view animated:YES];
    dispatch_async(dispatch_get_global_queue(DISPATCH_QUEUE_PRIORITY_DEFAULT,
0), ^{
        //获得相机胶卷
        PHAssetCollection*cameraRoll=[PHAssetCollection
            fetchAssetCollectionsWithType:PHAssetCollectionTypeSmartAlbum
            subtype:PHAssetCollectionSubtypeSmartAlbumUserLibrary options:nil].lastObject;
        XDemo_AlbumAssetModel *modelRoll = [[XDemo_AlbumAssetModel alloc] init];
        modelRoll.assetIdentifier = cameraRoll.localIdentifier;
        modelRoll.albumName = @"相机胶卷";
#pragma mark  预加载:相机胶卷数据
        //默认初始相机胶卷
        NSArray*thumbnails=[self enumerateAssetsWithIdentifier:
            modelRoll.assetIdentifier original:YES];
        [self.dataSource addObjectsFromArray:thumbnails];
        modelRoll.thumbnails = thumbnails;
```

```
        [self.assetSources addObject:modelRoll];
        //遍历自定义相册
        PHFetchResult<PHAssetCollection*>*assetCollections=[PHAssetCollection
            fetchAssetCollectionsWithType:PHAssetCollectionTypeAlbum
            subtype:PHAssetCollectionSubtypeAlbumRegular options:nil];
        for (PHAssetCollection *assetCollection in assetCollections) {
            XDemo_AlbumAssetModel *model = [[XDemo_AlbumAssetModel alloc] init];
            model.assetIdentifier = assetCollection.localIdentifier;
            model.albumName = assetCollection.localizedTitle;
            [self.assetSources addObject:model];
        }
        dispatch_async(dispatch_get_main_queue(), ^{
            [hud hideAnimated:YES];
            [self.collectionView reloadData];
        });
    });
}
```

读取相册中的详细图片信息：

```
- (NSArray *)enumerateAssetsWithIdentifier:(NSString *)localIdentifier original:(BOOL)original{
    NSMutableArray *photos = [NSMutableArray array];
    PHAssetCollection *assetCollection = [PHAssetCollection
fetchAssetCollectionsWithLocalIdentifiers:
        @[localIdentifier] options:nil].firstObject;
    //获得某个相册中的所有 PHAsset 对象
    PHFetchResult<PHAsset *> *assets = [PHAsset fetchAssetsInAssetCollection:
        assetCollection options:nil];
    PHImageRequestOptions *requestOption = [[PHImageRequestOptions alloc] init];
    //同步获得图片，只会返回一张图片
    requestOption.synchronous = YES;
    requestOption.networkAccessAllowed = YES;
    //从 asset 中获得图片
    for (PHAsset *asset in assets) {
        //是否要原图
        NSString *filename = [asset valueForKey:@"filename"];
        CGSize size = original ? CGSizeMake(asset.pixelWidth, asset.pixelHeight) : CGSizeZero;
        [[PHImageManager defaultManager] requestImageForAsset:asset
            targetSize:size contentMode:PHImageContentModeDefault options:requestOption
        resultHandler:^(UIImage * _Nullable result, NSDictionary * _Nullable info) {
            //创建模型
            MWPhoto*photo = [MWPhoto photoWithImage:result];
            photo.caption = filename;
            [photos addObject:photo];
        }];
    }
    return photos;
}
```

这里的 result 变量保存的便是用户从系统图库里选择的图片，接下来开发者可以对图片进行处理了。

4.3.3 图片方向的判断

某些时候我们会发现系统相机拍照后，图片在设备的浏览器上或是在 Mac 上都正常显示，但是上传到服务器由其他设备读取到 ImageView 中显示时，图片的方向就可能会不正确，这时候需要对图片的方向进行判断并加以调整。在 iOS 上，可以通过读取 UIImage 对象的 imageOrientation 属性对图片方向进行判断，继而对图片进行调整。

方法一：为 UIImage 创建一个 category，基于坐标系对图片进行翻转、平移、旋转等得到调整后的图片，其中主要方法实现如下：

```
- (UIImage *)fixOrientation {
    if (self.imageOrientation == UIImageOrientationUp) return self;
    CGAffineTransform transform = CGAffineTransformIdentity;
    switch (self.imageOrientation) {
      case UIImageOrientationDown:
      case UIImageOrientationDownMirrored:
          transform = CGAffineTransformTranslate(transform, self.size.width, self.size.height);
          transform = CGAffineTransformRotate(transform, M_PI);
          break;

      case UIImageOrientationLeft:
      case UIImageOrientationLeftMirrored:
          transform = CGAffineTransformTranslate(transform, self.size.width, 0);
          transform = CGAffineTransformRotate(transform, M_PI_2);
          break;

      case UIImageOrientationRight:
      case UIImageOrientationRightMirrored:
          transform = CGAffineTransformTranslate(transform, 0, self.size.height);
          transform = CGAffineTransformRotate(transform, -M_PI_2);
          break;

      case UIImageOrientationUp:
      case UIImageOrientationUpMirrored:
          break;
    }

    switch (self.imageOrientation) {

      case UIImageOrientationUpMirrored:
      case UIImageOrientationDownMirrored:
          transform = CGAffineTransformTranslate(transform, self.size.width, 0);
          transform = CGAffineTransformScale(transform, -1, 1);
          break;
```

```
        case UIImageOrientationLeftMirrored:
        case UIImageOrientationRightMirrored:
            transform = CGAffineTransformTranslate(transform, self.size.height, 0);
            transform = CGAffineTransformScale(transform, -1, 1);
            break;

        case UIImageOrientationUp:
        case UIImageOrientationDown:
        case UIImageOrientationLeft:
        case UIImageOrientationRight:
            break;
    }

    CGContextRef contextRef = CGBitmapContextCreate(NULL, self.size.width, self.size.height,
                        CGImageGetBitsPerComponent(self.CGImage), 0,
                        CGImageGetColorSpace(self.CGImage),
                        CGImageGetBitmapInfo(self.CGImage));
    CGContextConcatCTM(contextRef, transform);
    switch (self.imageOrientation) {
        case UIImageOrientationLeft:
        case UIImageOrientationLeftMirrored:
        case UIImageOrientationRight:
        case UIImageOrientationRightMirrored:
            CGContextDrawImage(contextRef, CGRectMake(0,0,self.size.height,self.size.width),
            self.CGImage);
            break;
        default:
            CGContextDrawImage(contextRef, CGRectMake(0,0,self.size.width,self.size.height),
            self.CGImage);
            break;
    }

    CGImageRef imgRef = CGBitmapContextCreateImage(contextRef);
    UIImage *img = [UIImage imageWithCGImage:imgRef];
    CGContextRelease(contextRef);
    CGImageRelease(imgRef);
    return img;
}
```

方法二：利用 UIImage 中的 drawInRect 方法将图像绘制到画布上，并且其已经考虑好了图像的方向，代码实现如下：

```
- (UIImage *)normalizedImage {
    if (self.imageOrientation == UIImageOrientationUp) return self;
    UIGraphicsBeginImageContextWithOptions(self.size, NO, self.scale);
    [self drawInRect:(CGRect){0, 0, self.size}];
        UIImage *normalizedImage = UIGraphicsGetImageFromCurrentImageContext();
```

```
        UIGraphicsEndImageContext();
        return normalizedImage;
    }
```

4.3.4 图片压缩

当 iOS 将图片加载至内存中时，开发者必须要考虑图片在内存中所占用的空间，同时为了避免内存泄露，图片使用后应第一时间释放，一旦加载的图片超过内存所能容纳的上限，应用就会发生内存溢出而崩溃。在这里我们介绍一下 iOS 中常用的图片压缩方法。

我们知道，内存中图片的大小=图片长度×图片宽度×一个像素占用的字节数，减少图片长度、宽度或每像素占用的字节数都可以降低图片占用的内存，因此我们首先尝试对图片的质量进行处理。

对图片质量进行压缩，代码如下：

```
        NSData *data = UIImageJPEGRepresentation(oldImg, 0.9);
        UIImage *image = [UIImage imageWithData:data];
```

压缩后的图片比原图片小了很多，但无法具体控制图片的二进制数据大小，这就导致了有些时候这种压缩方法表现得不是特别理想。比如微信分享图片，要求传入的二进制数据限制是小于 32KB，而通过这种方法压缩的图片往往大于 32KB，如果降低压缩品质，虽然在一定程度上将图片压缩得更小，但图片质量往往不容乐观。接下来我们再介绍另一种压缩方式。

对图片尺寸进行裁剪，代码如下：

```
    - (UIImage *)drawWithImage:(UIImage *)imageCope
                    width:(CGFloat)dWidth height:(CGFloat)dHeight{
        UIGraphicsBeginImageContext(CGSizeMake(dWidth, dHeight));
        [imageCope drawInRect:CGRectMake(0, 0, dWidth, dHeight)];
        imageCope = UIGraphicsGetImageFromCurrentImageContext();
        UIGraphicsEndImageContext();
        return imageCope;
    }
```

裁剪压缩，通过对图片的宽高进行等比例压缩，达到压缩图片的目的。对图片的尺寸进行裁剪，一定程度上保全了图片质量，但如果图片的尺寸损耗较为严重，在 PC 端放大图片时，图片的效果并不会特别理想。如果在图片二进制数据被限制的前提下，又要求图片质量损失较小，可以采用对尺寸进行循环小梯度裁剪的方式更好地解决这个问题。参考代码如下：

```
    - (void)compressedImage:(UIImage *)image
                    imageKB:(CGFloat)fImageKBytes
                    imageBlock:(void(^)(UIImage *image))block {
        __block UIImage *imageCope = image;
        CGFloat fImageBytes = fImageKBytes * 1024;      //需要压缩到的字节
        __block NSData *uploadImageData = nil;
        uploadImageData = UIImagePNGRepresentation(imageCope);
        CGSize size = imageCope.size;
```

```
CGFloat imageWidth = size.width;
CGFloat imageHeight = size.height;
if (uploadImageData.length > fImageBytes && fImageBytes >0) {
    dispatch_async(dispatch_queue_create("CompressedImage", DISPATCH_QUEUE_SERIAL), ^{

        CGFloat ratioOfWH = imageWidth/imageHeight;
        CGFloat compressionRatio = fImageBytes/uploadImageData.length;
        CGFloat widthOrHeightCompressionRatio = sqrt(compressionRatio);
        CGFloat dWidth = imageWidth *widthOrHeightCompressionRatio;
        CGFloat dHeight = imageHeight*widthOrHeightCompressionRatio;
        if (ratioOfWH >0) { /*宽>高，说明宽度的压缩相对来说更大些**/
            dHeight = dWidth/ratioOfWH;
        }else {
            dWidth = dHeight*ratioOfWH;
        }

        imageCope = [self drawWithWithImage:imageCope width:dWidth height:dHeight];
        uploadImageData = UIImagePNGRepresentation(imageCope);
        //微调：预计次数 10
        NSInteger compressCount = 0;
        /*控制在误差 1KB 以内**/
        while (fabs(uploadImageData.length - fImageBytes) > 1024) {
            /* 再次压缩的比例**/
            CGFloat nextCompressionRatio = 0.9;
            dWidth = dWidth*nextCompressionRatio;
            dHeight= dHeight*nextCompressionRatio;
            imageCope = [self drawWithImage:imageCope width:dWidth height:dHeight];
            uploadImageData = UIImagePNGRepresentation(imageCope);
            /*防止进入死循环**/
            compressCount ++;
            if (compressCount == 10) {
                break;
            }
        }

        imageCope = [[UIImage alloc] initWithData:uploadImageData];
        dispatch_sync(dispatch_get_main_queue(), ^{
            block(imageCope);
        });
    });
}else{
    block(imageCope);
}
}

//重新绘制图片
```

```
- (UIImage *)drawWithImage:(UIImage *)imageCope width:(CGFloat)dWidth height:(CGFloat)dHeight{
    UIGraphicsBeginImageContext(CGSizeMake(dWidth, dHeight));
    [imageCope drawInRect:CGRectMake(0, 0, dWidth, dHeight)];
    imageCope = UIGraphicsGetImageFromCurrentImageContext();
    UIGraphicsEndImageContext();
    return imageCope;
}
```

如果要保证图片清晰度，建议选择压缩图片质量；如果要使图片一定小于指定大小，则压缩图片尺寸可以满足要求。对于后一种需求，还可以先压缩图片质量，如果已经小于指定大小，就可以得到清晰的图片，如果不行再压缩图片尺寸。灵活地使用两种压缩方式，往往能达到更好的压缩效果。

4.4　关键知识点解析

4.4.1　图片加载到内存时造成 OOM 异常

图片加载到内存中的大小不是直接由图片的存储大小决定的。比如一个 10KB 大小的 png 格式的图片加载到内存中可能就不止 10KB 了。那应该怎么计算呢？

图片加载到内存中的大小=图片的宽×图片的高×该图片一个像素所占的位数/8

举个例子：一个 1024*1024 像素的图片，每个像素是 32 位，那么它的大小就是 1024×1024×32÷8=4MB。通常保存成 jpg、png 格式的图片是经过压缩处理的，它的存储大小可能就只有几 KB。这就是为什么我们在加载一个十多 KB 的图片时会出现 OOM 异常了。

在展示高分辨率图片时，最好先将图片进行压缩。压缩后的图片大小应该和用来展示它的控件的大小相近，在一个很小的 ImageView 上显示一张超大的图片不会带来任何视觉上的好处，但却会占用很多的内存，而且在性能上还可能会带来负面影响。该如何对一张大图片进行适当的压缩，让它能够以最佳大小显示的同时还能防止 OOM 的出现呢？

4.4.2　大量图片的缓存处理

在应用程序的 UI 界面上加载一张图片是一件很简单的事情，但是当你需要在界面上加载一大堆图片的时候，情况就变得复杂起来。在很多情况下（比如使用 UITableView、UICollectionView 或 UIScrollView 这样的组件时），屏幕上显示的图片可以通过滑动屏幕等事件不断地增加，最终导致 OOM 异常。

为了保证内存的使用始终维持在一个合理的范围，通常会对被移出屏幕的图片进行回收处理。此时垃圾回收器会认为你不再持有这些图片的引用，从而对这些图片进行垃圾回收操作。用这种思路来解决问题非常好，可是为了能让程序快速运行，在界面上迅速地加载图片，必须要考虑到某些图片被回收之后，用户又将它重新滑入屏幕的情况。重新去加载一遍刚刚加载过的图片无疑是性能的瓶颈，需要想办法去避免。

内存缓存技术可以很好地解决这个问题，它可以让组件快速地重新加载和处理图片。

下面就来看一看如何使用内存缓存技术来对图片进行缓存，从而让应用程序在加载大量图片的时候可以提高响应速度和流畅性。

可以使用 SDWebImage 来处理这个问题，例子如下：

```
[self.imageView  setImageWithURL:[NSURL  URLWithString:@"url"]  placeholderImage:[UIImage
imageNamed:@"default"]];
```

SDWebImage 的图片缓存都是用这个开源库中内部类来实现的，当然也可以自行设计缓存机制，主要思路为：先通过图片 URL 查询 Memory Cache 中是否存在该图片，如果查找不到，接着就会查询 Disk Cache。如果 Disk Cache 查询成功，将图片设置到 Memory Cache 中，这样可以最大化高频率展示图片的效率；如果查询失败，进行网络请求，将图片缓存到 Disk Cache 的同时缓存到 Memory Cache。当然，如果第一步查询 Memory Cache 时直接找到图片，那么直接使用这个图片即可。我们通过 Memory Cache 和 Disk Cache 结合的方式实现了一个简易的缓存流程。

当然，我们可能需要一个通知，在内存紧张时提供一个释放缓存的能力。当系统发出内存警告通知时清除掉自身的图片缓存，防止内存溢出。

4.5　问题与讨论

1. 怎样读取手机图库？
2. 图片展示类应用性能优化有哪些实用的方法？

项目5　学习监督器

项目导读

从学习监督器项目入手，为读者呈现一套简单的基于多线程的项目建设流程。本项目着重对 iOS 中 GCD 的基本用法进行介绍，帮助读者对 iOS 中进行多线程开发有一个深入的了解。

项目需求描述如下：

1. 通过使用后台线程监控网络状态，一旦用户在学习期间使用手机网络，学习监督应用便会进行警告。

2. 用户可以设置学习的时间段，而一旦时间被设置后，就不能轻易取消，如果要退出监督模式，需要先接受应用的惩罚。

教学目标

- 掌握启动新线程的方法。
- 理解 GCD 中的任务和队列。
- 理解同步任务与异步任务。
- 理解串行队列与并行队列。
- 掌握 GCD 的基本使用方法。
- 了解不同种类任务与队列的组合机制。

5.1　总体设计

5.1.1　总体分析

根据项目需求进行分析，学习监督器本身的功能比较简单：每次启动时先展示一个欢迎页面，短暂停留后进入应用主界面。主界面中可以设定起始时间和结束时间，在此时间范围内，学习监督器将对用户进行上网行为监督，一旦用户开启网络连接，无论是 4G 网络还是 Wi-Fi 网络，学习监督器都会发现并且对用户进行警告，警告包括巨大声音的音乐和持续不停的振动，直至用户关闭网络，警告行为才会停止。

5.1.2 功能模块框图

根据总体分析结果，可以总结出学习监督器主要包括时间设置、监督提醒和后台监控 3 个模块，框图如图 5-1 所示。

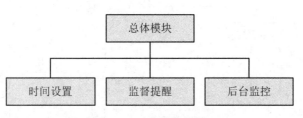

图 5-1　功能模块框图

后台监控服务对网络状态变化进行监控，一旦发现网络状态产生变化，则进行相应的事件处理，如图 5-2 所示。

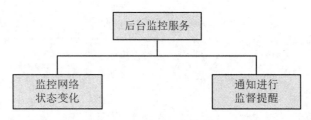

图 5-2　后台监控方法图

后台监控服务主要有以下两种场景：

（1）在监督时间范围内，发现用户开启了 Wi-Fi 或 4G 网络，后台监控服务则通知系统启动监督提醒页面，进行预设好的提醒。

（2）当监督提醒的大声音播放音乐和持续振动发生时，如果用户关闭网络，后台监控服务则通知系统停止音乐播放和持续振动。

监督提醒模块的具体功能如图 5-3 所示，当其得到系统通知需要进行提醒时，开启提醒页面，进行音乐播放并触发手机持续振动。

图 5-3　监督提醒方法图

5.1.3 系统流程图

根据总体分析结果及功能模块框图梳理出系统的主要流程，如图 5-4 所示。

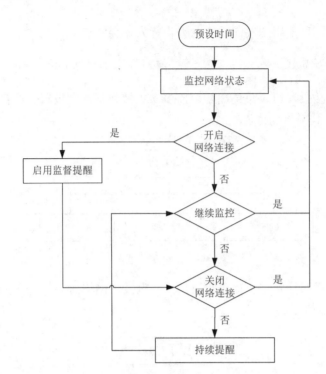

图 5-4　系统流程图

5.1.4　界面设计

根据上述对需求的分析，可以确定至少有两个主要界面，即时间设置页面和监督提醒页面。同时考虑到应用的完整性，还需要设计帮助说明页面。各页面设计效果如图 5-5 和图 5-6 所示。

图 5-5　时间设置界面设计图

图 5-6　帮助说明界面设计图

5.2 详细设计

5.2.1 模块描述

在系统整体分析及界面布局设计完成后，主要工作就转入对各个功能模块的详细设计阶段。

1. 基础架构模块详细设计

基础架构模块主要提供程序架构，所有 controller 公用一个 UINavigationController，实现所有控制器导航栏、状态栏等样式统一。

基础架构模块的功能图如图 5-7 所示。

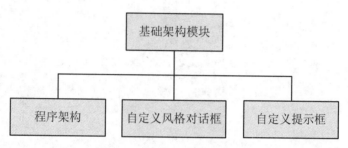

图 5-7　基础架构模块的功能图

2. 用户界面模块详细设计

用户界面模块的主要任务是合理地展现用户的设置，在执行提醒时能有效地显示提示信息，同时需要讲解基本的使用方式。

本模块包括用户设置、网络状态显示、提示信息显示、使用帮助等功能。

用户界面模块的功能图如图 5-8 所示。

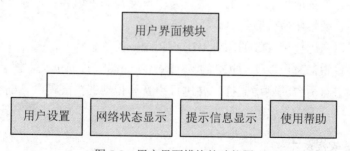

图 5-8　用户界面模块的功能图

5.2.2 源文件组及其资源规划

对应界面设计图，本系统需要两个 UIViewController 类，时间设置界面对应 ViewController 类，帮助说明界面对应 guideViewController 类。本项目组及其资源结构如图 5-9 所示。

图 5-9　资源结构

5.2.3　时间设置界面设计

时间设置界面作为应用的主界面，负责与用户交互的主要环节，包括接收用户设置的时间、保存时间、初始化后台服务等。

设置时间可以考虑使用 iOS 的原生 UIDatePicker 控件。

保存时间的设置信息可以使用 iOS 的 NSUserDefaults 进行简单文本信息的存储与读取。

启动多线程进行后台的网络监控，并进行声音和振动的提醒是学习的重点，会在后面着重讲解。

5.2.4　后台线程设计

iOS 系统提供了 3 种多线程编程方式：NSThread、NSOperation 和 GCD。这 3 种方式具有各自的特点。其中，NSThread 是最轻量级的，但需要程序员自己管理线程的生命周期和线程同步；NSOperation 则不需要关心这些，程序员可以把更多的精力放在程序逻辑上；GCD（Grand Central Dispatch）是苹果公司开发的多核编程方案，使用简单、速度快，它支持多核处理器，主要用于优化应用程序。通过 GCD，开发者只需要向队列中添加一段 block

代码就可以实现多线程编程，而不需要直接进行线程操作。由其自动管理的线程池对程序员开发的代码块进行管理和资源分配。

基于以上特点，我们选择 GCD 作为本项目的多线程方案。

5.3 代码实现

5.3.1 显示界面布局

由于系统主界面的使用相对简单，所以采用在 viewDidLoad 函数中动态地进行页面布局。其中，使用了 UIDatePicker 控件用于设置监督的起始时间和结束时间，主要代码如下：

```
- (void)viewDidLoad {
    [super viewDidLoad];

    self.title = @"学习监督器";
    _isBegin = NO;

    NSString *path = [[NSBundle mainBundle]pathForResource:@"home_bg_image"ofType: @"png"];
    UIImage *image = [UIImage imageWithContentsOfFile:path];
    self.view.layer.contents = (id)image.CGImage;

    UIButton *guideButton = [[UIButton alloc] initWithFrame:CGRectMake(0, CGRectGetMaxY
      (self.navigationController.navigationBar.frame), 80, 40)];
    guideButton.backgroundColor = RGBAColor(238, 238, 238, 0.4);
    [guideButton setTitle:@"用户向导" forState:UIControlStateNormal];
    [guideButton setTitleColor:[UIColor blackColor] forState:UIControlStateNormal];
    [guideButton addTarget:self action:@selector(guideAction) forControlEvents:
    UIControlEventTouchUpInside];
    guideButton.titleLabel.font = kFont(16);
    [self.view addSubview:guideButton];

    UIButton *settingButton = [[UIButton alloc] initWithFrame:CGRectMake(0, kScreenHeight -40
    - kBottomSafeHeight, 80, 40)];
    settingButton.backgroundColor = RGBAColor(238, 238, 238, 0.4);
    [settingButton setTitle:@"设置" forState:UIControlStateNormal];
    [settingButton setTitleColor:[UIColor blackColor] forState:UIControlStateNormal];
    [self.view addSubview:settingButton];
    settingButton.titleLabel.font = kFont(16);
    [settingButton addTarget:self action:@selector(settingButtonClick)
    forControlEvents:UIControlEventTouchUpInside];
    _settingButton = settingButton;

    UILabel *startLab = [[UILabel alloc] initWithFrame:CGRectMake(0, CGRectGetMaxY
      (guideButton.frame), CGRectGetWidth(guideButton.frame), CGRectGetHeight(guideButton.frame))];
    startLab.text = @"开始时间：";
    startLab.textAlignment = NSTextAlignmentCenter;
    startLab.font = kFont(16);
    startLab.textColor = [UIColor blackColor];
```

```
[self.view addSubview:startLab];

NSDate *date1 = [NSDate date];
UIDatePicker *sPicker = [[UIDatePicker alloc] initWithFrame:CGRectMake(CGRectGetMaxX
(startLab.frame)+10, CGRectGetMaxY(startLab.frame), kScreenWidth – CGRectGetMaxX
(startLab.frame)-30, 120)];
[sPicker setDatePickerMode:UIDatePickerModeTime];
sPicker.date = date1;
sPicker.tag = 1;
[self.view addSubview:sPicker];
self.startPicker = sPicker;

UIDatePicker *ePicker = [[UIDatePicker alloc] initWithFrame:CGRectMake(CGRectGetMaxX
(settingButton.frame)+10, kScreenHeight-120 - CGRectGetHeight(settingButton.frame),
kScreenWidth - CGRectGetMaxX(settingButton.frame)-30, 120)];
ePicker.tag = 2;
[ePicker setDatePickerMode:UIDatePickerModeTime];
ePicker.date = date1;

[self.view addSubview:ePicker];
self.endPicker = ePicker;

UILabel *endLab = [[UILabel alloc] initWithFrame:CGRectMake(0, CGRectGetMinY
(ePicker.frame), CGRectGetWidth(guideButton.frame), CGRectGetHeight(guideButton.frame))];
endLab.font = kFont(16);
endLab.textAlignment = NSTextAlignmentCenter;
endLab.text = @"结束时间：";
endLab.textColor = [UIColor blackColor];
[self.view addSubview:endLab];

XZNetTool *netTool = [XZNetTool shareTool];
[netTool NetStatesBlock:^(NetworkStatus status) {
    if(status == NotReachable){
        [[Punish shareInstance] hidden];
    }
}];
[netTool startNotiCheckNetStates];
}
```

帮助说明页面相对简单，这里不再赘述，读者可以直接参考工程代码中的 guideViewController 类。

5.3.2 使用 GCD 创建一个定时器

创建一个定时器有 NSTimer 和 Dispatch Source Timer 两种方法。NSTimer 是我们最常使用的方式，但是因为 NSTimer 会受到 Runloop 的影响，当 Runloop 处理的任务比较多时，可能会导致 NSTimer 的精度降低。因此在一些对精度要求较高的场景，可以考虑使用 GCD 定时器，即 Dispatch Source Timer。

本例中虽然对定时器的精度要求并不高，但由于 NSTimer 相对简单，而我们主要是想通过这个例子让大家对 GCD 定时器有一个初步的了解，因此仍然选择了 GCD 定时器，具体代码如下：

```
dispatch_queue_t queue = dispatch_get_global_queue(DISPATCH_QUEUE_PRIORITY_DEFAULT, 0);
dispatch_source_t timer = dispatch_source_create(DISPATCH_SOURCE_TYPE_TIMER, 0, 0,queue);
dispatch_source_set_timer(timer,dispatch_walltime(NULL, 0),1.0*NSEC_PER_SEC, 0); //每秒执行

dispatch_source_set_event_handler(timer, ^{
    dispatch_async(dispatch_get_main_queue(), ^{
        if (self.startPicker.date.timeIntervalSinceNow <= 0) {
            if (!_isBegin) {
                //开始监督
                MBProgressHUD *hud = [MBProgressHUD showHUDAddedTo:self.view
                animated:YES];
                hud.mode = MBProgressHUDModeText;
                hud.label.text = @"监督已开始,请努力学习";
                [hud hideAnimated:YES afterDelay:2];
                [self beginObserver];
            }else{
                NSTimeInterval time = self.endPicker.date.timeIntervalSinceNow;
                if (time<=0) {
                    dispatch_source_cancel(timer);
                    [self endObserver];
                }else{
                    if ([XZNetTool shareTool].NetIsUseable) {
                        NSLog(@"请关闭网络");
                        [[Punish shareInstance] show];
                        [self playSound];
                        [self playVibration];
                    }
                }
            }
        }else{
            NSLog(@"%.0f 秒后开启",ceil(self.startPicker.date.timeIntervalSinceNow));
        }
    });
});

dispatch_resume(timer);
```

创建一个 GCD 定时器，首先需要通过 dispatch_queue_t queue = dispatch_get_global_queue(DISPATCH_QUEUE_PRIORITY_DEFAULT , 0)获取到一个全局队列，其第一个参数表示该队列的优先级为默认优先级；然后通过 dispatch_source_t timer = dispatch_source_create(DISPATCH_SOURCE_TYPE_TIMER, 0, 0,queue)创建定时器，并使用 dispatch_source_set_timer(timer,dispatch_walltime(NULL, 0),1.0*NSEC_PER_SEC, 0)函数将该定时器的间隔时间设置为 1 秒；最后使用 dispatch_source_set_event_handler 函数设置该定时器触发时执行的代码块。

5.3.3 监控网络变化

在项目中我们使用了一个开源的第三方库（Reachability）来进行网络状态变化的监控，并在其基础上进行了一定的封装，实现了 XZNetTool 类。

其主要工作原理是使用 iOS 系统提供的 SystemConfiguration 库中的 SCNetwork-ReachabilityCreateWithAddress 函数判断当前网络是否可用，另外还可以判断出设备的 Wi-Fi 或蜂窝数据是否可用，代码如下：

```
-(BOOL)isReachableViaWWAN
{
    SCNetworkReachabilityFlags flags = 0;

    if(SCNetworkReachabilityGetFlags(self.reachabilityRef, &flags))
    {
        if(flags & kSCNetworkReachabilityFlagsReachable)
        {
            if(flags & kSCNetworkReachabilityFlagsIsWWAN)
            {
                return YES;
            }
        }
    }
    return NO;
}
-(BOOL)isReachableViaWiFi
{
    SCNetworkReachabilityFlags flags = 0;

    if(SCNetworkReachabilityGetFlags(self.reachabilityRef, &flags))
    {
        if((flags & kSCNetworkReachabilityFlagsReachable))
        {
            if((flags & kSCNetworkReachabilityFlagsIsWWAN))
            {
                return NO;
            }
            return YES;
        }
    }
    return NO;
}
```

5.3.4 时间比较

当用户设置监控时间范围后，程序将进行当前时间和用户设置时间的比较，如果当前时间在用户设置时间的范围内，则检测网络变化，否则放弃检测。

iOS 系统提供了非常简便的方法来进行时间的比较。比如本例中只通过一行代码就可以比较出用户设定的开始时间或结束时间与当前时间的大小：

self.startPicker.date.timeIntervalSinceNow <= 0
该方法是在 NSDate 类中实现的。

NSDate 是 iOS 系统用于对时间对象操作的一个类，很多时候我们还需要把 NSDate 转换成一个 NSString 用来显示，我们可以通过如下代码进行转换：

NSDate *date = [NSDate date];
NSDateFormatter *dateFormatter = [[NSDateFormatter alloc] init];
[dateFormatter setDateFormat:@"yyyy-MM-dd HH:mm:ss"];
NSString *strDate = [dateFormatter stringFromDate:date];

其 中 [dateFormatter setDateFormat:@"yyyy-MM-dd HH:mm:ss"] 用 来 指 定 转 化 成 NSString 后的格式，其中 yyyy 为年份，MM 表示月份，dd 表示日期，HH 表示小时，mm 表示分钟，ss 表示秒。我们还可以使用一些其他的格式化标志获取如星期、毫秒等其他时间信息，具体如下：

a：AM/PM（上午/下午）
A：0~86399999（一天的第 A 微秒）
c/cc：1~7（一周的第几天）
ccc：Sun/Mon/Tue/Wed/Thu/Fri/Sat（星期几的简写）
cccc：Sunday/Monday/Tuesday/Wednesday/Thursday/Friday/Saturday（星期几的全称）
dd：1~31（月份的第几天）
e：1~7（一周的第几天）
E~EEE：Sun/Mon/Tue/Wed/Thu/Fri/Sat（星期几的简写）
EEEE：Sunday/Monday/Tuesday/Wednesday/Thursday/Friday/Saturday（星期几的全称）
F：1~5（每月的第几周）
h：1~12（小时，12 小时制）
H：0~23（小时，24 小时制）
L/LL：1~12（第几月）
LLL：Jan/Feb/Mar/Apr/May/Jun/Jul/Aug/Sep/Oct/Nov/Dec（月份的简写）
LLLL：January/February/March/April/May/June/July/August/September/October/November/December（月份的全称）
mm：0~59（分钟）
M/MM：1~12（第几月）
MMM：Jan/Feb/Mar/Apr/May/Jun/Jul/Aug/Sep/Oct/Nov/Dec（月份的简写）
MMMM：January/February/March/April/May/June/July/August/September/October/November/December（月份的全称）
q/qq：1~4（第几季度）
qqq：Q1/Q2/Q3/Q4（季度的简写）
qqqq：1st quarter/2nd quarter/3rd quarter/4th quarter（季度的全称）
Q/QQ：1~4（同小写）
QQQ：Q1/Q2/Q3/Q4（同小写）
QQQQ：1st quarter/2nd quarter/3rd quarter/4th quarter（同小写）
ss：0~59（秒数）
SSS：毫秒
w：1~53（一年的第几周，一周的开始为周日，第一周从去年的最后一个周日起算）
W：1~5（一个月的第几周）
yyyy：完整的年份
yy/yyy：2 个数字的年份
Z：+0000 指定 GMT 时区的名称

或者将一个用 NSString 表示的时间转换成 NSDate。

```
NSString *strDate=@"2019-04-01 00:00:00.000";
NSDateFormatter *dateFormatter = [[NSDateFormatter alloc] init];
[dateFormatter setDateFormat:@"yyyy-MM-dd HH:mm:ss.SSS"];
NSDate *date = [dateFormatter dateFromString: strDate];
```

5.3.5 一个简单的自定义控件

细心的读者可能会发现，工程中还有一个 Punish 类，这个类具体是做什么的呢？其实笔者在这里是希望告诉大家一种简化代码、提高复用度的方法。在 iOS 开发过程中，系统提供的控件有时无法满足业务需求，这时我们就需要实现一些自定义控件来完成视图的展示和交互操作。一方面可以把控件的操作集中在一个类里来实现，使程序整体更加清晰和易于理解，另一方面也使代码更方便地被复用。

```
-(void)show{
    if (self.isShow) {
        return;
    }

    self.isShow = YES;
    UIWindow *window = [UIApplication sharedApplication].keyWindow;
    [window addSubview:self.imageView];
    self.imageView.center = window.center;
    [UIView animateWithDuration:0.25 animations:^{
        _imageView.alpha = 1;
    }];
}

-(void)hidden{
    [UIView animateWithDuration:0.25 animations:^{
        self.imageView.alpha = 0;
    } completion:^(BOOL finished) {
        self.isShow = NO;
        [self.imageView removeFromSuperview];
    }];
}
```

本例中，在设定时间范围内程序检测到用户开启了网络功能，会使用一个简单的动画进行提示，这部分代码被封装到了 Punish 类中来实现。通过一个渐变的图片进行展示。

5.4 关键知识点解析

5.4.1 为什么使用 GCD

GCD 是苹果公司为多核并行运算提供的专门的解决方案，因此它与生俱来地具有一些优点，比如可以自动地利用更多的 CPU 内核，可用于多核的并行运算，可以自动管理线程的生命周期。

5.4.2　任务和队列

在学习 GCD 使用方法之前，我们需要了解两个基本概念：任务和队列。

（1）任务。任务就是要执行的操作，换言之就是要在线程中执行的代码块。任务的执行分同步和异步两种方式。顾名思义，同步执行就是任务在结束之前会一直等待，直到任务执行完成后再执行后续任务；异步任务执行时并不要求其他的任务进行等待。另外，同步任务不具备开启新线程的能力，而异步任务可以。

（2）队列。队列指任务的等待队列，采用先进先出原则，分串行和并行两种。串行队列是任务按顺序一个接一个地执行，同一时间只有一个任务被执行；并行队列可以让多个任务并发执行。

使用 GCD 进行多线程编程，也是围绕任务和队列来完成。其使用步骤只有以下两个：

（1）创建一个适当类型的队列。

（2）将任务按一定的类型添加到队列中。

完成这两步后系统会自动根据队列和任务的类型按规则执行。

我们先通过一段简单的代码来让大家对 GCD 编程有一个初步的认识。

```
dispatch_queue_t queue = dispatch_queue_create("Queue1", DISPATCH_QUEUE_CONCURRENT);

dispatch_sync(queue, ^{
    NSLog(@"同步任务 1");
});

dispatch_async(queue, ^{
    NSLog(@"异步任务 2");
});
```

我们使用 dispatch_queue_create 创建一个队列，它需要两个参数，第一个是队列的标识，第二个参数用于表示想要创建的队列的类型，DISPATCH_QUEUE_CONCURRENT 表示并行队列，DISPATCH_QUEUE_SERIAL 表示串行队列。创建完队列后就可以向队列中添加任务了，同步任务使用 dispatch_sync 添加，异步任务使用 dispatch_async 添加。

当然，在编程过程中可能并不会经常使用 dispatch_queue_create 创建一个新的队列，因为 GCD 提供了两种常用队列：主队列和全局队列。主队列是一个串行队列，使用 dispatch_get_main_queue()来获取，并且该队列中所有的任务都会被放到主线程中执行。全局队列是一个并行队列，通过 dispatch_get_global_queue 函数获取，该函数需要一个表示优先级的参数，通常情况下我们都会传入 DISPATCH_QUEUE_PRIORITY_DEFAULT，即默认优先级，当然也可以传入 DISPATCH_QUEUE_PRIORITY_HIGH 或 DISPATCH_QUEUE_PRIORITY_LOW 表示高优先级或低优先级。因此很多时候代码会是这样的：

```
dispatch_queue_t queue = dispatch_get_global_queue(DISPATCH_QUEUE_PRIORITY_DEFAULT, 0);
dispatch_queue_t mainQueue = dispatch_get_main_queue();
//向全局队列添加异步任务
dispatch_async(queue, ^{
    NSLog(@"此处执行一段比较耗时的操作");
```

```
dispatch_async(mainQueue, ^{
    NSLog(@"耗时的操作完成后向主队列添加后续任务");
});
});
```

5.4.3　GCD 的其他方法

通过上一节的学习，我们掌握了基本的 GCD 多线程的方法，当然在实际开发过程中我们还会遇到一些更进一步的需求。下面介绍一些 GCD 的其他方法，以应对实际项目中的各种需求。

1.　延时执行

有时会遇到这样的需求，在一段指定长度的时间以后执行任务，这时可以使用 dispatch_after 函数来实现。

```
dispatch_after(dispatch_time(DISPATCH_TIME_NOW, (int64_t)(5.0 * NSEC_PER_SEC)),
    dispatch_get_main_queue(), ^{
    NSLog(@"5 秒后该任务会被添加到主队列中");
});
```

这里有一个需要注意的地方，用 dispatch_after 函数添加的任务不是在指定的时间后立即执行，而是在指定的时间后添加到队列中。

2.　异步迭代

当需要将一段代码执行多次时，我们通常会使用 for 循环，但 for 循环是按顺序同步执行的。如果我们并不需要其顺序执行，那么可以使用 dispatch_apply 向并行队列中加入该任务，如以下代码：

```
dispatch_queue_t queue = dispatch_get_global_queue(DISPATCH_QUEUE_PRIORITY_DEFAULT, 0);
dispatch_apply(6, queue, ^(size_t index) {
    NSLog(@"此段代码将会被无序地执行 6 次");
});
NSLog(@"6 次迭代执行完毕之后才会执行此代码");
```

就像上句代码描述的那样，无论是在串行队列中还是在并行队列中，都会在 dispatch_apply 全部执行完毕后才会执行后续代码。

3.　只执行一次的任务

当需要该任务在程序运行过程中只执行一次，比如创建单例时，我们可以使用 dispatch_once 函数。该函数确保任务在程序运行过程中只执行一次，即使在多线程中也能保证线程安全。

4.　栅栏

有的时候还会有这样的需求，我们需要执行两组操作，虽然我们并不关心每组操作中各个任务的顺序，但是我们需要确保在第一组任务全部执行完成之后再进行第二组操作。这时我们就可以用到 dispatch_barrier_async 函数。代码如下：

```
dispatch_queue_t queue = dispatch_queue_create("Queue1", DISPATCH_QUEUE_CONCURRENT);
dispatch_async(queue, ^{
```

```
        NSLog(@"异步任务 1");
    });
dispatch_async(queue, ^{
        NSLog(@"异步任务 2");
    });
dispatch_barrier_async(queue, ^{
        NSLog(@"我是一个栅栏");
    });
dispatch_async(queue, ^{
        NSLog(@"异步任务 3");
    });
dispatch_async(queue, ^{
        NSLog(@"异步任务 4");
    });
```

在上述代码中我们可以看到,我们创建了一个并行队列,并向该队列中加入了 4 个异步任务及一个栅栏。我们并不在乎任务 1 和任务 2 谁先执行完,当然我们也不在乎任务 3 和任务 4 谁先完成,但是我们需要在执行任务 3 和任务 4 时确保任务 1 和任务 2 已经执行完毕。因此我们在中间加入了一个栅栏来确保此要求能够被满足。

5. 任务组

和栅栏有些类似,任务组主要是满足一组任务全部执行完毕后继续向下执行。任务组有两个方法来实现该操作:dispatch_group_notify 和 dispatch_group_wait。

使用 dispatch_group_notify 的例子代码如下:

```
dispatch_group_t group = dispatch_group_create();
dispatch_queue_t queue = dispatch_get_global_queue(DISPATCH_QUEUE_PRIORITY_DEFAULT, 0);
dispatch_group_async(group, queue, ^{
        NSLog(@"异步任务 1");
    });
dispatch_group_async(group, queue, ^{
        NSLog(@"异步任务 2");
    });

dispatch_group_notify(group, dispatch_get_main_queue(), ^{
        NSLog(@"回主队列执行的任务");
    });
```

上述代码中,我们创建了一个 group,并向该 group 中添加了两个异步任务。只有当这两个任务执行完成后,dispatch_group_notify 中的任务才会被执行。dispatch_group_notify 允许开发者指定继续执行任务的队列,此处我们是回到主队列继续执行。

使用 dispatch_group_wait 与 dispatch_group_notify 有些类似,但它会阻塞当前线程,等待任务组中的任务全部完成后继续向下执行。

另外还可以使用 dispatch_group_enter 和 dispatch_group_leave 来控制一个 group 的任务计数。dispatch_group_enter 表示 group 中未完成任务的计数加 1,而 dispatch_group_leave 则表示该计数减 1。当组中的任务计数为 0 时,系统解除对该线程的阻塞并执行

dispatch_group_notify 中的任务。代码如下：

```
dispatch_group_t group = dispatch_group_create();
dispatch_queue_t queue = dispatch_get_global_queue(DISPATCH_QUEUE_PRIORITY_DEFAULT, 0);
//任务计数+1
dispatch_group_enter(group);
dispatch_async(queue, ^{
NSLog(@"向队列中添加的任务 1，注意不是向组中！");
    //任务计数-1
    dispatch_group_leave(group);
});
//任务计数+1
dispatch_group_enter(group);
dispatch_async(queue, ^{
NSLog(@"向队列中添加的任务 2，还不是向组中！");
    //任务计数-1
    dispatch_group_leave(group);
});

dispatch_group_notify(group, dispatch_get_main_queue(), ^{
    NSLog(@"回主队列执行任务");
    NSLog(@"此时 group 任务结束");
    });
```

细心的读者可能已经发现了，虽然我们创建了一个 group，但并没有向该 group 中添加任务。这里创建的 group 只是一个虚拟的组，我们只使用了它的任务计数。每当有一个任务被添加到全局队列时， group 的任务计数就加 1；每当一个任务结束时，group 的任务计数就减 1。这样当任务计数为 0 时，表明全部任务执行完毕，调用 dispatch_group_notify 返回指定队列执行后续任务。

6. 信号量

信号量（Dispatch Semaphore）是 GCD 提供的另一种控制线程同步的方式。当需要使用异步方式执行一个耗时任务并使用该任务的结果进行后续操作时，可以使用信号量进行控制。信号量的机制有些类似于停车场，当停车场满（信号量小于 0）时，停车场关闭所有入口，禁止车辆进入（系统阻塞全部线程）；当出现空位时打开入口允许车辆进入，每进入一辆车时将计数减 1。我们先来看下面这段代码：

```
dispatch_queue_t queue = dispatch_get_global_queue(DISPATCH_QUEUE_PRIORITY_DEFAULT, 0);
__block NSString aTap = @"任务执行前";
dispatch_async(queue, ^{
    NSLog(@"一个耗时任务");
    aTap = @"任务执行后";
});
NSLog(@"结束，此时 aTap 的值为-任务执行前-");
```

因为向队列中添加的是一个异步任务，所以代码最后一行执行时 aTap 并没有被赋值为"任务执行后"。那么当我们需要 aTap 在耗时任务结束后的结果时，我们就可以用到信号量了，代码如下：

```
dispatch_queue_t queue = dispatch_get_global_queue(DISPATCH_QUEUE_PRIORITY_DEFAULT, 0);
dispatch_semaphore_t semaphore = dispatch_semaphore_create(0);
__block NSString aTap = @"任务执行前";
dispatch_async(queue, ^{
    NSLog(@"一个耗时任务");
    aTap = @"任务执行后";
    dispatch_semaphore_signal(semaphore);
});

dispatch_semaphore_wait(semaphore, DISPATCH_TIME_FOREVER);
NSLog(@"结束，此时 aTap 的值为-任务执行后-");
```

首先，我们使用 dispatch_semaphore_create 创建一个信号量，传入的参数为信号量的值（也可以理解为停车场的初始空位），这里需要注意该值不能小于 0，否则 dispatch_semaphore_create 函数会返回 NULL；然后，我们向队列中添加了一个耗时的异步任务，并在任务结束后使用 dispatch_semaphore_signal 函数将信号量加 1，在异步任务的 block 后面使用 dispatch_semaphore_wait 将信号量减 1。当执行到 dispatch_semaphore_wait 时，并不会立即执行下一步的 NSLog，因为此时信号量为-1，系统阻塞所有线程，等待耗时任务结束后 dispatch_semaphore_signal 将信号量加 1，最后一步的 NSLog 才会被执行，此时 aTap 已经被改变为"任务执行后"。

5.5 问题与讨论

1. 队列可以分为串行和并行两种，同样任务也分为同步和异步两种。那么在实际编程过程中就会有 4 种不同的组合方式，请大家通过编码来看看这几种组合中任务的执行顺序有什么不同。

2. 如何通过信号量确保多线程同步？

项目 6　简易网络音乐播放器

项目导读

在企业级 iOS 应用开发中，互联网是大多数应用获取数据的重要途径，而众多的网络协议中，移动互联网应用中更广泛使用的是 Http 协议，因此熟练地掌握基于 Http 协议的网络交互技能是对 iOS 开发者的核心要求。学习网络交互相关技术需要首先解决以下两个问题：

（1）iOS 系统一般不在 UI 主线程中进行网络交互等耗时操作，因此网络交互通常需要在工作线程中进行，这就需要掌握线程间消息传递的机制，为 UI 主线程与工作线程建立直接的信息交互渠道。

（2）数据一般采用 JSON、XML 等格式在网络间传递，这要求我们学习数据解析的相关技术。

项目需求描述如下：

1. 从网络接口获取音频文件列表数据，解析后生成音频列表并显示。
2. 实现音频文件的下载和播放。

教学目标

- 学会使用 GCD 异步获取数据并进行 UI 界面刷新。
- 学会使用和读取沙盒（Documents）中的文件。
- 学会利用 NSURLSession 工具进行网络通信。
- 学会将网络文件下载到手机存储。
- 了解本地文件缓存机制。
- 掌握 JSON 数据解析方法。
- 掌握媒体播放器 AVPlayer 类的使用。

6.1　总体设计

6.1.1　总体分析

手机铃声应用应实现以下功能：铃声列表显示、铃声文件下载到本地、铃声播放试听。铃声播放包括在线播放和下载播放。

整个程序除总体模块外，主要分为用户界面模块、数据管理与控制模块、网络通信模块和基础架构模块四大部分。在整个系统中总体模块控制系统的生命周期，用户界面模块负责界面显示，数据管理与控制模块主要提供数据管理功能，网络通信模块负责与服务器通信，基础架构模块提供各项基础功能，供其他模块调用。

6.1.2　功能模块框图

根据总体分析结果可以总结一下功能模块，框图如图 6-1 所示。

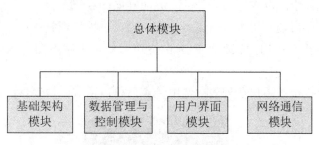

图 6-1　功能模块框图

总体模块的作用主要是生成应用程序的主类，控制应用程序的生命周期。

基础架构模块主要提供程序架构、公用的方法，包括自定义风格对话框、自定义提示框等功能。

数据管理与控制模块主要提供数据获取、数据解析、数据组织、数据缓存等功能。

用户界面模块包括铃声列表、铃声播放等功能。

数据管理与控制模块和用户界面模块可以调用基础架构模块的一些通用方法，数据管理与控制模块为用户界面模块提供数据，同时可以接收并保存用户界面模块产生的数据。

网络通信模块主要负责从服务器端获取铃声文件数据信息，数据从指定网络地址服务器通过 http 方式下载获取。

6.1.3　系统流程图

根据总体分析结果及功能模块框图梳理出系统启动的主要流程，如图 6-2 所示。

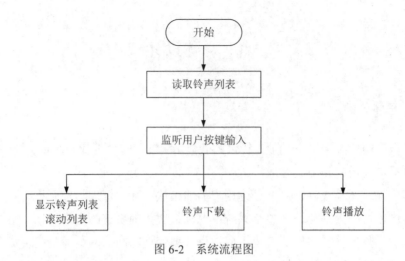

图 6-2　系统流程图

6.1.4　界面设计

在系统总体分析及功能模块划分清楚后，即可开始考虑界面的设计。本应用是显示铃声的应用，支持铃声文件下载到本地和铃声播放试听。

根据程序功能需求可以规划出软件的主界面，如图 6-3 所示。

- 铃声列表：启动应用程序后显示铃声列表，供用户查看铃声。
- 铃声下载按钮：用户在列表中选中铃声后单击下载按钮，应用可将铃声下载到本地。
- 铃声播放按钮：用户在列表中选中铃声后可以播放或暂停该铃声。

图 6-3　系统主界面

从图 6-3 可以很直观地看到，界面划分了两个区域：铃声列表区、铃声播放区。

● 铃声列表区：用于显示铃声名称、铃声位置、铃声类别。

● 铃声播放区：用于显示当前选中铃声的名称和类别、播放或暂停按钮、下载按钮。

6.2　详细设计

6.2.1　模块描述

在系统整体分析及界面布局设计完成后，主要工作就转入对各个功能模块的详细设计阶段。

1. 基础架构模块详细设计

基础架构模块主要提供程序架构、所有 ViewController 公用的方法，包括自定义风格对话框、自定义提示框等功能。

基础架构模块的功能图如图 6-4 所示。

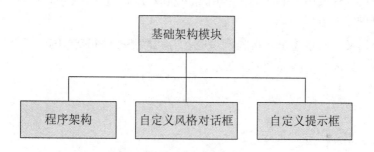

图 6-4　基础架构模块的功能图

2. 用户界面模块详细设计

用户界面模块的主要任务是显示铃声列表、功能按钮并实现与用户的交互，即当用户点击按键或者屏幕的时候监听器会去调用相应的处理办法或其他处理模块。

本模块包括铃声列表显示、选中的铃声信息显示、下载按钮、播放按钮和暂停按钮。

用户界面模块的功能图如图 6-5 所示。

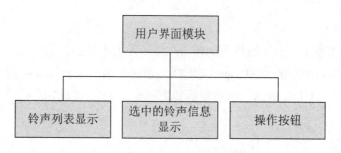

图 6-5　用户界面模块的功能图

3. 数据管理与控制模块详细设计

数据管理与控制模块主要提供数据获取、数据解析、数据组织、数据缓存等功能。

数据管理与控制模块和用户界面模块可以调用基础架构模块的一些通用方法,数据管理与控制模块为用户界面模块提供数据,同时可以接收并保存用户界面模块产生的数据。

数据管理与控制模块的功能图如图 6-6 所示。

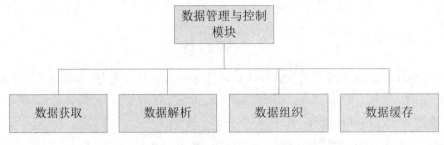

图 6-6　数据管理与控制模块的功能图

4. 网络通信模块详细设计

网络通信模块根据用户界面的需求调用访问服务器,接收服务器返回的数据并解析,同时显示到用户界面中。

本模块包括发送网络请求、接收网络应答、网络数据解析等功能。

网络通信模块的功能图如图 6-7 所示。

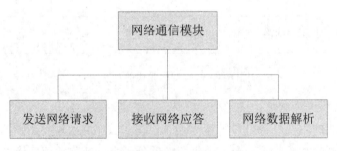

图 6-7　网络通信模块的功能图

6.2.2　源文件组及其资源规划

1. 文件结构

根据系统功能设计,系统加载 ViewController 作为根视图,页面添加 UITableView 显示播放列表,添加封装好的 MBProgressHUD 显示进度条、提示等常用的方法。

系统使用一个 UITableView,用于显示铃声列表、铃声下载和播放操作按钮。组及资源结构如图 6-8 所示。

2. 源代码文件

源代码文件见表 6-1。

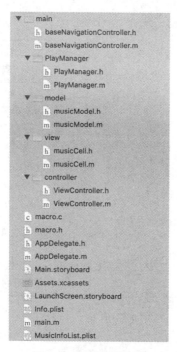

图 6-8　组及资源结构

表 6-1　源代码文件

组名称	文件名	说明
playManager	playManager	音乐播放管理
model	musicModel	播放模型对象
view	musicCell	播放列表的一条 Cell
controller	ViewController	播放视图

3.　资源文件

iOS 的资源文件保存在 xcassets 的子目录中。资源文件列表见表 6-2。

表 6-2　资源文件列表

文件	说明
background	主界面背景图片
btn_downLoad	下载按钮图标
tool_bg	播放区图标
suspend.png	暂停按钮图标
play.png	播放按钮图标

6.2.3　主要方法流程设计

音乐下载流程图如图 6-9 所示。

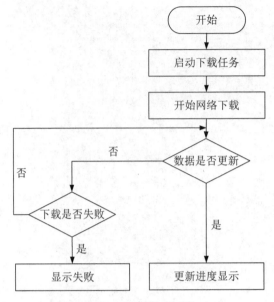

图 6-9　音乐下载流程图

6.3　代码实现

6.3.1　显示界面布局

1. 系统主界面

系统主界面是系统进入后显示的界面，其中包括一个 UITableView、两个 UIImageView、两个 UILabel 和两个 UIButton，如图 6-10 所示。

图 6-10　系统主界面

6.3.2　NSURLSession 网络通信方法实现

```
- (void)URLSession:(NSURLSession *)session downloadTask:(NSURLSessionDownloadTask
*)downloadTask didFinishDownloadingToURL:(NSURL *)location{

    NSData *tmp = [NSData dataWithContentsOfURL:location];
    if (tmp) {
        PlayManager *manager = [PlayManager shareInstance];
        NSString *fileName = downloadTask.currentRequest.URL.lastPathComponent;
        NSString * documentsDirectoryPath = NSSearchPathForDirectoriesInDomains
        (NSDocumentDirectory, NSUserDomainMask, YES).firstObject;
        NSString *path = [documentsDirectoryPath
        stringByAppendingPathComponent:@"musics"];
        NSString *filePath = [path stringByAppendingPathComponent:fileName];
        BOOL saved = [tmp writeToFile:filePath atomically:YES];
        if (saved) {
            NSString *listPath = [manager GetMusicListPath];
            NSMutableArray *lists = [NSMutableArray arrayWithContentsOfFile:listPath];
            NSInteger index = [self.dataSource indexOfObject:_currentMusic];
            NSMutableDictionary *musicDic = [lists objectAtIndex:index];
            [musicDic setObject:fileName forKey:@"fileName"];
            [lists writeToFile:listPath atomically:YES];

            self.currentMusic.fileName = fileName;
            self.downLoadButton.hidden = self.currentMusic.isDownLoad;
            [self.tableView reloadData];
        }
    }
}
//下载进度
- (void)URLSession:(NSURLSession *)session
        downloadTask:(NSURLSessionDownloadTask *)downloadTask
        didWriteData:(int64_t)bytesWritten
  totalBytesWritten:(int64_t)totalBytesWritten
totalBytesExpectedToWrite:(int64_t)totalBytesExpectedToWrite{
    float progress = totalBytesWritten*1.00/totalBytesExpectedToWrite;
    hud.progress = progress;
}
```

6.3.3　JSON 数据解析方法实现

下面的代码利用 NSKeyValueCoding 对 JSON 文件进行解析，该方式属于 DOM。

```
-(void)GetMusicListCompletionHandel:(PlayManagerCompletionBlock)handel{

    self.block = handel;
    dispatch_async(dispatch_get_global_queue(DISPATCH_QUEUE_PRIORITY_DEFAULT, 0), ^{
```

```
NSString *path = [self GetMusicListPath];
NSArray *tempArr = [NSArray arrayWithContentsOfFile:path];
[self.list removeAllObjects];
for (NSDictionary *dict in tempArr) {
    musicModel *musicInfo = [musicModel new];
    [musicInfo setValuesForKeysWithDictionary:dict];
    [self.list addObject:musicInfo];
}
dispatch_async(dispatch_get_main_queue(), ^{
    //调用 block
    self.block(_list);
});
});
}
```

6.4 关键知识点解析

下面是 RLSession 和 NSURLConnection 的网络通信对比。

1. 使用现状

NSURLSession 是 NSURLConnection 的替代者，在 2013 年随 iOS 7.0 一起发布，是对 NSURLConnection 进行了重构优化后的新的网络访问接口。

从 iOS 9.0 开始，NSURLConnection 中发送请求的两个方法（同步请求、异步请求）已经过期，初始化网络连接（initWithRequest: delegate:）的方法也被设置为过期，系统不再推荐使用，而建议使用 NSURLSession 发送网络请求。

2. 普通任务和上传

NSURLSession 针对下载/上传等复杂的网络操作提供了专门的解决方案，普通任务、上传和下载分别对应 3 种不同的网络请求任务：NSURLSessionDataTask、NSURLSessionUploadTask 和 NSURLSessionDownloadTask。创建的任务都是挂起状态，需要继续才能执行。

当服务器返回的数据较小时，NSURLSession 与 NSURLConnection 执行普通任务的操作步骤没有区别。执行上传任务时，NSURLSession 与 NSURLConnection 一样，需要设置 POST 请求的请求体进行上传。

3. 下载任务方式

NSURLConnection 下载文件时，先将整个文件下载到内存，然后再写入沙盒，如果文件比较大，就会出现内存暴涨的情况。而使用 NSURLSessionUploadTask 下载文件时，会默认下载到沙盒的 tem 文件夹中，不会出现内存暴涨的情况，但在下载完成后会将 tem 中的临时文件删除。要确保临时文件不被删除，需要在初始化任务方法时，在 completionHandler 回调中增加保存文件的代码。

以下代码是实例化网络下载任务时将下载的文件保存到沙盒的 caches 文件夹中。

```
[NSURLSessionDownloadTask [NSURLSessionDownloadTask *task = [session
```

downloadTaskWithURL:[NSURL URLWithString:@"http://127.0.0.1/dawenjian.zip"]
completionHandler:^(NSURL * _Nullable location, NSURLResponse * _Nullable response, NSError
* _Nullable error) {
    //获取沙盒的 caches 路径
    NSString *path = [[NSSearchPathForDirectoriesInDomains(NSCachesDirectory,
    NSUserDomainMask, YES)lastObject]stringByAppendingPathComponent:@"kkk.dmg"];
    //生成 URL 路径
    NSURL *DCurl = [NSURL fileURLWithPath:path];
    //将文件保存到指定文件目录下
    [[NSFileManager defaultManager]moveItemAtURL:location toURL:DCurl error:nil];}]resume];

4. 请求方法的控制

NSURLConnection 实例化对象，实例化开始，默认请求就发送（同步发送），不需要调用 start 方法。而 cancel 可以停止请求的发送，停止后不能继续访问，需要创建新的请求。

NSURLSession 有 3 个控制方法：取消（cancel）、暂停（suspend）、继续（resume），暂停后可以通过继续恢复当前的请求任务。

5. 断点续传的方式

NSURLConnection 进行断点下载，通过设置访问请求的 HTTPHeaderField 的 Range 属性，开启运行循环。NSURLConnection 的代理方法作为运行循环的事件源，接收到下载数据时代理方法就会持续调用，并使用 NSOutputStream 管道流进行数据保存。

NSURLSession 进行断点下载，当暂停下载任务后，如果 downloadTask（下载任务）为非空，则调用 cancelByProducingResumeData:(void (^)(NSData *resumeData))completionHandler 方法，这个方法接收一个参数，完成处理代码块，这个代码块有一个 NSData 参数 resumeData，如果 resumeData 非空，就保存这个对象到视图控制器的 resumeData 属性中。在点击再次下载时，通过调用[[self.session downloadTaskWithResumeData: self.resumeData]resume]方法进行继续下载操作。

经过以上比较可以发现，使用 NSURLSession 进行断点下载更加便捷。

6. 配置信息

NSURLSession 的构造方法（sessionWithConfiguration:delegate:delegateQueue）中有一个 NSURLSessionConfiguration 类的参数可以设置配置信息，它决定了 cookie、安全和高速缓存策略、最大主机连接数、资源管理、网络超时等配置。NSURLConnection 不能进行这个配置，相比于 NSURLConnection 依赖于一个全局的配置对象、缺乏灵活性而言，NSURLSession 有了很大改进。

NSURLSession 可以设置 3 种配置信息，通过调用以下 3 个类方法返回配置对象：

● + (NSURLSessionConfiguration *)defaultSessionConfiguration：配置信息使用基于硬盘的持久化 Cache，保存用户的证书到钥匙串，使用共享 cookie 存储。

● + (NSURLSessionConfiguration *)ephemeralSessionConfiguration：配置信息和 default 大致相同，但不会把 cache、证书，或任何和 Session 相关的数据存储到硬盘，而是

存储在内存中，生命周期和 Session 一致。比如浏览器无痕浏览等功能就可以基于此来实现。

- + (NSURLSessionConfiguration *)backgroundSessionConfigurationWithIdentifier:(NSString *) identifier: 配置信息可以创建一个可以在后台甚至 App 已经关闭的时候仍然在传输数据的 session。

需要注意，后台 Session 一定要在创建的时候赋予一个唯一的 Identifier，这样 App 下次运行的时候能够根据 Identifier 来进行相关的区分。如果用户关闭了 App，iOS 系统会关闭所有的 Background Session。而且，Session 在被用户强制关闭了以后，iOS 系统不会主动唤醒 App，只有用户下次启动了 App 数据传输才会继续。

6.5 问题与讨论

1. GET 请求与 POST 请求的区别是什么？
2. 实现多条内容同时下载及断点续传。

项目 7　新闻客户端

项目导读

本项目在上一个媒体播放器项目的基础上对网络交互和数据解析进行进一步的学习。
项目需求描述如下：

1. 实现一个新闻客户端。
2. 从服务器获取数据并显示。
3. 实现新闻的列表。
4. 实现详细页面。
5. 设计 RSS 服务。

教学目标

- 使用 NSXMLParser 方式解析 XML 数据。
- 利用 WebView 显示 HTML 页面。
- 深入理解 XML 数据格式。
- 掌握 UIScrollView 的简单使用方法。
- 自定义菜单栏与滚动动画。

7.1　总体设计

7.1.1　总体分析

新闻客户端应实现以下功能：新闻列表显示、新闻详细内容显示。

整个程序除总体模块外，主要分为用户界面模块、数据管理与控制模块、网络通信模块和基础架构模块四大部分。在整个系统中总体模块控制系统的生命周期，用户界面模块负责界面显示，数据管理与控制模块主要提供数据管理功能，网络通信模块负责与服务器通信，基础架构模块提供各项基础功能，供其他模块调用。

7.1.2 功能模块框图

根据总体分析结果可以总结一下功能模块，框图如图 7-1 所示。

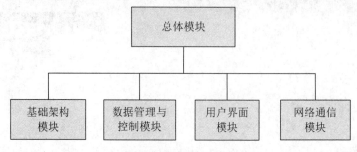

图 7-1 功能模块框图

总体模块的作用主要是生成应用程序的主类，控制应用程序的生命周期。

基础架构模块主要提供程序架构、所有 controller 统一的 UINavigationController、主要 controller 公用的父类，包括公共的属性、自定义请求框架等。

数据管理与控制模块主要提供数据获取、数据解析、数据组织、数据缓存等功能。

用户界面模块包括新闻列表、新闻详情等功能。

数据管理与控制模块和用户界面模块可以调用基础架构模块的一些通用方法，数据管理与控制模块为用户界面模块提供数据，同时可以接收并保存用户界面模块产生的数据。

网络通信模块主要负责从服务器端获取新闻数据信息，数据从指定网络地址服务器通过 HTTP 方式下载获取。

7.1.3 系统流程图

根据总体分析结果及功能模块框图梳理出系统启动的主要流程，如图 7-2 所示。

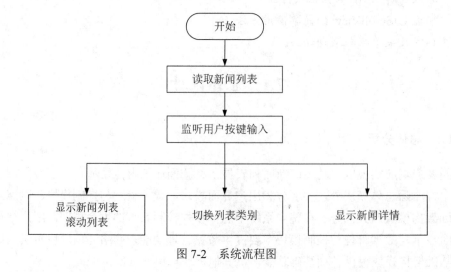

图 7-2 系统流程图

7.1.4　界面设计

本应用是显示新闻的应用，主要实现新闻列表显示和新闻详细内容显示。

根据程序功能需求可以规划出软件的主界面，如图 7-3 所示。

● 　新闻列表：启动应用程序后显示新闻列表。

● 　新闻详细内容：当用户在列表中选中新闻后，进入详细页，显示新闻的详细内容。

图 7-3　系统主界面

从图 7-3 可以很直观地看到，列表页界面划分了两个区域：新闻栏目区、新闻列表区，详细页使用 WebView 显示新闻内容，底部有"看法"输入框。

7.2　详细设计

7.2.1　模块描述

在系统整体分析及界面布局设计完成后，主要工作就转入对各个功能模块的详细设计阶段。

1．基础架构模块详细设计

基础架构模块主要提供程序架构、所有 controller 统一的 UINavigationController、主要 controller 公用的父类，包括公共的属性、自定义请求框架等。

基础架构模块的功能图如图 7-4 所示。

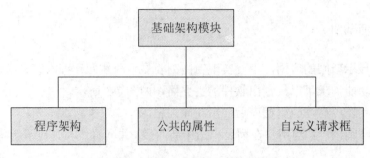

图 7-4　基础架构模块的功能图

2. 用户界面模块详细设计

用户界面模块的主要任务是显示新闻列表、新闻详细内容、功能按钮和实现与用户的交互，即当用户点击按键或者屏幕的时候监听器会去调用相应的处理办法或其他处理模块。

本模块包括新闻列表显示、列表栏目切换、回复输入框。

用户界面模块的功能图如图 7-5 所示。

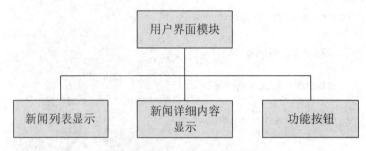

图 7-5　用户界面模块的功能图

3. 数据管理与控制模块详细设计

数据管理与控制模块主要提供数据获取、数据解析、数据组织、数据缓存等功能。

数据管理与控制模块和用户界面模块可以调用基础架构模块的一些通用方法，数据管理与控制模块为用户界面模块提供数据，同时可以接收并保存用户界面模块产生的数据。

数据管理与控制模块的功能图如图 7-6 所示。

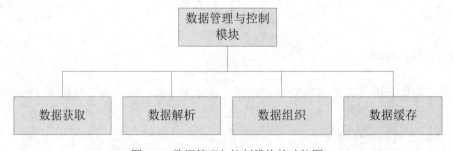

图 7-6　数据管理与控制模块的功能图

4. 网络通信模块详细设计

网络通信模块根据用户界面的需求调用访问服务器，接收服务器返回的数据并解析，同时显示到用户界面中。

本模块包括发送网络请求、接收网络应答、网络数据解析等功能。

网络通信模块的功能图如图 7-7 所示。

图 7-7　网络通信模块的功能图

7.2.2　源文件组及其资源规划

1. 文件结构

根据系统功能设计，本系统封装一个基础的 controller 类，加载各个子页的通用控件，并提供一些基础的实现方法，例如设置进度条、标题等常用方法。程序中的 Activity 都可继承此基类，继承了此基类即可直接使用基类中封装的基础方法。

系统使用一个 UIViewCotroller，用于显示新闻列表、栏目切换滚动条。组及资源结构如图 7-8 所示。

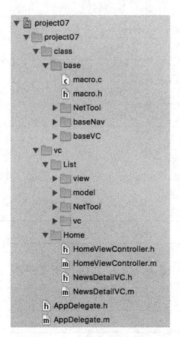

图 7-8　组及资源结构

2. 代码分组

示例通过功能模块对类进行拆分，主要包含列表页、详细页、自定义样式、数据模型等几个源代码文件分组，分组说明见表 7-1。

表 7-1　分组说明

组	说明
NetTool	网络请求工具类
baseNav	自定义导航栏
baseVC	存放与用户界面相关的源代码文件
List	新闻列表文件
Home	视图容器
detail	新闻详情界面

3. 源代码文件

源代码文件见表 7-2。

表 7-2　源代码文件

文件	说明
baseNavigationController	自定义导航控制器
ViewController	基础控制器，实现公共的 UI
NewsListRequest	新闻数据请求与解析工具类
ListViewController	消息列表类
macro	宏定义及常量
HomeViewController	视图容器
NewsDetailVC	新闻详情界面
newsModel	新闻数据模型
NewsCell	自定义 Cell 页面

4. 资源文件

iOS 的资源文件保存在 Assets.xcassets 目录中，资源文件列表见表 7-3。

表 7-3　资源文件列表

文件	说明
splash	启动页面图片
news	新闻小图标
navBackgroundImage	导航栏背景图片
back	返回图标

7.2.3　主要方法流程设计

查看新闻流程图如图 7-9 所示。

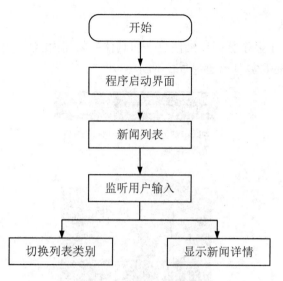

图 7-9　查看新闻流程图

7.3　代码实现

7.3.1　显示界面布局

1. 系统主界面

系统主界面是系统进入后显示的新闻列表界面，其中包括两个 UIScrollView 控件，一个用于显示头部标题，另一个嵌入一个 UITableView。每个 UITableView 的 Cell 中包含一个 UIImageView 和两个 UILabel，如图 7-10 所示。

图 7-10　系统主界面

2. 新闻详细界面

新闻详细界面用于显示新闻详细信息，即具体的新闻内容，包括文字和图片等，该界面使用一个 UIWebView 实现，如图 7-11 所示。

图 7-11   新闻详细界面

7.3.2   RSS 内容读取方法实现

RSS 是一个缩写的英文术语，在英文中被认为有几个不同的源头，并被不同的技术团体作不同的解释。它既可以是"Rich Site Summary"（丰富站点摘要）或"RDF Site Summary"（RDF 站点摘要），也可以是"Really Simple Syndication"（真正简易聚合）。现在已有的是 Netscape1.0（RSS-DEV 版本）和 2.0（UserLand Software 版本）。不过几乎所有能支持 RSS 的程序都可以浏览不同版本的 RSS。

RSS 是基于文本的格式，是 XML（可扩展标识语言）的一种形式。通常 RSS 文件都是标为 XML，RSS files（通常也被称为 RSS feeds 或 channels）通常只包含简单的项目列表。一般而言，每一个项目都含有一个标题、一段简单的介绍和一个 URL 链接（比如一个网页的地址）。其他的信息，如日期、创建者的名字等都是可以选择的。

1. 创建通信任务

下面的函数是创建通信任务。

```
-(void)setUpData{
    hud = [MBProgressHUD showHUDAddedTo:self.view animated:YES];
    hud.label.text = @"正在加载";
    NewsListRequest *request = [NewsListRequest cn_Request];
    request.baseUrl = self.baseUrl;
    [request news_HomeListRequestDataCompletion:^(id response, BOOL success, NSError *error)
```

```
        {
                if (success) {
                        [self.dataSource addObjectsFromArray:response];
                        [self.tableView reloadData];
                        [hud hideAnimated:YES];
                }else{
                        hud.mode = MBProgressHUDModeText;
                        hud.label.text = error.description;
                        [hud hideAnimated:YES afterDelay:1.5];
                }
        }];
}
```

2. 显示 splash 页面

显示 splash 页面的代码如下：

```
- (BOOL)application:(UIApplication *)application didFinishLaunchingWithOptions:(NSDictionary
*)launchOptions {
        // 应用程序启动后自定义的重写点
        self.window = [[UIWindow alloc] initWithFrame:[[UIScreen mainScreen] bounds]];
        self.window.backgroundColor = [UIColor whiteColor];
        HomeViewController *homeVC = [[HomeViewController alloc] init];
        baseNavigationController *nav = [[baseNavigationController alloc]
                initWithRootViewController:homeVC];
        self.window.rootViewController = nav;
        [self.window makeKeyAndVisible];

        return YES;
}
```

3. 保存 RSS 数据地址

下面的代码中保存了 RSS 数据地址。

```
-(NSArray *)subTitles{
        if (!_subTitles) {
                _subTitles = @[@"国内要闻",@"国际要闻",@"科技要闻",@"社会万象",@"体育要闻",
                @"奇闻轶事",@"精彩图片"]
        }
        return _subTitles;
}

-(NSArray *)subUrls{
        if (!_subUrls) {
                _subUrls = @[@"http://rss.sina.com.cn/news/china/focus15.xml",
                        @"http://rss.sina.com.cn/news/world/focus15.xml",
                        @"http://rss.sina.com.cn/tech/rollnews.xml",
                        @"http://rss.sina.com.cn/news/society/misc15.xml",
                        @"http://rss.sina.com.cn/roll/sports/hot_roll.xml",
                        @"http://rss.sina.com.cn/news/society/wonder15.xml",
```

```
                              @"http://rss.sina.com.cn/sports/global/photo.xml"];
        }
        return _subUrls;
}
```

4. 解析 RSS 信息

parseXML 函数主要用于解析从 RSS 返回的 XML 文件，代码如下：

```
#pragma mark XML

- (void)parserDidStartDocument:(NSXMLParser *)parser{
    //NSLog(@"开始解析");
    self.XML_Source = [NSMutableArray array];
}

//读取第一个头节点，如果内部有属性值，可以获取出来
- (void)parser:(NSXMLParser *)parser didStartElement:(NSString *)elementName namespaceURI:
(NSString *)namespaceURI qualifiedName:(NSString *)qName attributes:(NSDictionary *)
attributeDict{//NSLog(@"当前节点：%@",elementName);
    if ([elementName isEqualToString:@"item"]) {
        self.XML_Dic = [NSMutableDictionary dictionary];
    }
}

//获得首尾节点间的内容
- (void)parser:(NSXMLParser *)parser foundCharacters:(NSString *)string{
    //NSLog(@"节点内容：%@",string);
    if ([self noWhiteSpaceString:string].length) {
        self.value = string;
    }
}

//解析完当前节点
- (void)parser:(NSXMLParser *)parser didEndElement:(NSString *)elementName namespaceURI:
(NSString *)namespaceURI qualifiedName:(NSString *)qName{
    //NSLog(@"完成节点：%@",elementName);
    NSArray *keys = @[@"title",@"link",@"author",@"guid",@"category",@"pubDate",
    @"description"];
    if ([keys containsObject:elementName]) {
        [self.XML_Dic setObject:self.value forKey:elementName];
    }else if ([elementName isEqualToString:@"item"]){
        [self.XML_Source addObject:self.XML_Dic];
    }else{}
}

//解析结束
- (void)parserDidEndDocument:(NSXMLParser *)parser{
    //NSLog(@"解析结束%@",self.XML_Source);
```

```
        NSMutableArray *source = [NSMutableArray array];
        for (NSDictionary *dic in self.XML_Source) {
            newsModel *model = [newsModel new];
            [model setValuesForKeysWithDictionary:dic];
            [source addObject:model];
        }
        self.XML_Source = nil;
        if (self.block) {
            self.block(source, YES, nil);
        }
    }
```

7.3.3 利用 UIWebView 显示 HTML 页面

UIWebView 可以使得网页轻松地内嵌到 App 里，代码如下：

```
    -(void)setUpWeb{
        UIWebView *web = [[UIWebView alloc] init];
        web.backgroundColor = [UIColor whiteColor];
        [self.view addSubview:web];
        [web mas_makeConstraints:^(MASConstraintMaker *make) {
            make.edges.mas_equalTo(0);
        }];
        web.delegate = self;
        web.scrollView.bounces = NO;
        self.edgesForExtendedLayout = UIRectEdgeNone;
        NSString *encodedString=[self.news.link
        stringByAddingPercentEscapesUsingEncoding:NSUTF8StringEncoding];
        NSURL* url = [NSURL URLWithString:encodedString];
        NSURLRequest* request = [NSURLRequest requestWithURL:url];
        [web loadRequest:request];
    }
```

7.3.4 掌握 UIScrollView 的简单使用方法

在前面的项目中我们曾经学习过 UIPageControl 的使用方法，而 UIPageControl 的用处更多地在于与 UIPageControl 配合使用。

```
    - (void)wm_addScrollView {
        WMScrollView *scrollView = [[WMScrollView alloc] init];
        scrollView.scrollsToTop = NO;
        scrollView.pagingEnabled = YES;
        scrollView.backgroundColor = [UIColor whiteColor];
        scrollView.delegate = self;
        scrollView.showsVerticalScrollIndicator = NO;
        scrollView.showsHorizontalScrollIndicator = NO;
        scrollView.bounces = self.bounces;
```

```
        scrollView.scrollEnabled = self.scrollEnable;
        [self.view addSubview:scrollView];
        self.scrollView = scrollView;
        if (!self.navigationController) return;
        for (UIGestureRecognizer *gestureRecognizer in scrollView.gestureRecognizers) {
            [gestureRecognizer requireGestureRecognizerToFail:
                self.navigationController.interactivePopGestureRecognizer];
        }
    }
```

7.4 关键知识点解析

7.4.1 RSS 阅读器实现

1. 界面部分

在顶部是一个自定义滚动条，在这里可以选择 RSS 的源，下面是一个 UITableView，用来显示 RSS 源中读取出来的新闻标题。

相关功能如下：

（1）能手动更新 RSS 新闻，更新 RSS 新闻时可以根据滑动及点击选择的 RSS 源的不同来更新出不同的结果。

（2）点击列表中的一条新闻，能打开对应的网页以方便使用者查看具体的新闻。

2. 实现过程

（1）RSS 解析。

RSS 解析前面已经实现过了，只是当时做的是一个简易版本的没有界面的 RSS 解析器，还不能称之为阅读器。

（2）界面实现。

在主界面的布局文件中定义一个 UITableView 元素。

```
    -(void)setUpUI{
        UITableView *tb = [[UITableView alloc] initWithFrame:CGRectZero style:UITableViewStyleGrouped];
        tb.delegate = self;
        tb.dataSource = self;
        [self.view addSubview:tb];
        [tb mas_makeConstraints:^(MASConstraintMaker *make) {
            make.edges.mas_equalTo(0);
        }];
        _tableView = tb;
    }
```

在另外一个布局文件中定义 UITableView 中每行元素的格式布局。

```
    -(void)setUpUI{
        UIImageView *imageView = [[UIImageView alloc] initWithFrame:CGRectMake(10, 10, 50, 50)];
        imageView.image = [UIImage imageNamed:@"news"];
```

```
        [self addSubview:imageView];
        self.imgView = imageView;

        UILabel *titleLabel = [[UILabel alloc] initWithFrame:CGRectMake(70, 10, kScreenWidth-80, 20)];
        titleLabel.textColor = [UIColor blackColor];
        titleLabel.font = kBoldFont(18);
        [self addSubview:titleLabel];
        self.titleLab = titleLabel;

        UILabel *detailLab = [[UILabel alloc] initWithFrame:CGRectMake(70, 35, kScreenWidth-80, 30)];
        detailLab.textColor = [UIColor lightGrayColor];
        detailLab.font = kFont(12);
        detailLab.numberOfLines = 2;
        [self addSubview:detailLab];
        self.detailLab = detailLab;
    }
```

初始化 RSS 数据源的 url 数组，从先前定义好的 RSS 源的 XML 文件中获取 RSS 源的名称。

```
    -(NSArray *)subTitles{
        if (!_subTitles) {
            _subTitles = @[@"国内要闻",@"国际要闻",@"科技要闻",@"社会万象",
            @"体育要闻",@"奇闻轶事",@"精彩图片"];
        }
        return _subTitles;
    }
    -(NSArray *)subUrls{
        if (!_subUrls) {
            _subUrls = @[@"http://rss.sina.com.cn/news/china/focus15.xml",
                        @"http://rss.sina.com.cn/news/world/focus15.xml",
                        @"http://rss.sina.com.cn/tech/rollnews.xml",
                        @"http://rss.sina.com.cn/news/society/misc15.xml",
                        @"http://rss.sina.com.cn/roll/sports/hot_roll.xml",
                        @"http://rss.sina.com.cn/news/society/wonder15.xml",
                        @"http://rss.sina.com.cn/sports/global/photo.xml",
                        ];
        }
        return _subUrls;
    }
```

根据现在选中的标题来加载对应的新闻。

```
    -(void)setUpData{
        hud = [MBProgressHUD showHUDAddedTo:self.view animated:YES];
        hud.label.text = @"正在加载";
        NewsListRequest *request = [NewsListRequest cn_Request];
        request.baseUrl = self.baseUrl;
        [request news_HomeListRequestDataCompletion:^(id response, BOOL success, NSError *error)
        {
```

```
            if (success) {
                [self.dataSource addObjectsFromArray:response];
                [self.tableView reloadData];
                [hud hideAnimated:YES];
            }else{
                hud.mode = MBProgressHUDModeText;
                hud.label.text = error.description;
                [hud hideAnimated:YES afterDelay:1.5];
            }
        }];
    }
```

点击某一条目进入新闻详情界面。

```
-(void)tableView:(UITableView *)tableView didSelectRowAtIndexPath:(NSIndexPath *)indexPath{
    [tableView deselectRowAtIndexPath:indexPath animated:YES];

    newsModel *model = self.dataSource[indexPath.row];
    NewsDetailVC *detailVc = [[NewsDetailVC alloc] init];
    detailVc.news = model;
    [self.navigationController pushViewController:detailVc animated:YES];
}
```

7.4.2　深入理解 XML 数据格式

XML 即可扩展标记语言（EXtensible Markup Language），与 HTML 相似，它的设计宗旨是传输数据，而不是显示数据。XML 标签没有被预定义，需要自行定义标签。XML 被设计为具有自我描述性，是 W3C 的推荐标准。

XML 和 HTML 是为不同的目的而设计的。XML 被设计为传输和存储数据，其焦点是数据的内容。HTML 被设计用来显示数据，其焦点是数据的外观。HTML 旨在显示信息，而 XML 旨在传输信息。

没有任何行为的 XML 是不作为的。也许这有点难理解，但是 XML 不会做任何事情。XML 被设计用来结构化、存储和传输信息。

下面是 John 写给 George 的便签，存储为 XML。

```
<note>
<to>George</to>
<from>John</from>
<heading>Reminder</heading>
<body>Don't forget the meeting!</body>
</note>
```

上面的这条便签具有自我描述性。它拥有标题和留言，同时包含了发送者和接收者的信息。

但是，这个 XML 文档仍然没有做任何事情。它仅仅是包装在 XML 标签中的纯粹的信息。我们需要编写软件或者程序才能传送、接收和显示出这个文档。

XML 的语法规则很简单，而且很有逻辑。这些规则很容易学习，也很容易使用。

在 HTML 中，经常会看到没有关闭标签的元素。

<p>This is a paragraph

<p>This is another paragraph

而在 XML 中，省略关闭标签是非法的，所有元素都必须有关闭标签。

<p>This is a paragraph</p>

<p>This is another paragraph</p>

XML 标签对大小写敏感，标签<Letter>与标签<letter>是不同的，必须使用相同的大小写来编写打开标签和关闭标签：

<Message>这是错误的。</message>

<message>这是正确的。</message>

在 HTML 中，常会看到没有正确嵌套的元素。

<b><i>This text is bold and italic</b></i>

而在 XML 中，所有元素都必须彼此正确地嵌套。

<b><i>This text is bold and italic</i></b>

在 iOS 中，操作 xml 文件一般有两种方式：SAX 解析、DOM 解析。

（1）SAX 解析。从根元素开始，按顺序一个元素一个元素往下解析，比较适合大文件的解析。苹果原生的 NSXMLParser 就是一种很简单实用的 SAX 解析类。

```
//step 1 开始解析
- (void)parserDidStartDocument:(NSXMLParser *)parser{
    self.XML_Source = [NSMutableArray array];
}
//step 2 读取第一个头节点，如果内部有属性值，可以获取出来
- (void)parser:(NSXMLParser *)parser didStartElement:(NSString *)elementName
namespaceURI:(NSString *)namespaceURI qualifiedName:(NSString *)qName
attributes:(NSDictionary *)attributeDict{
    //NSLog(@"当前节点：%@",elementName);
    if ([elementName isEqualToString:@"item"]) {
        self.XML_Dic = [NSMutableDictionary dictionary];
    }
}
//step 3 获得首尾节点间的内容
- (void)parser:(NSXMLParser *)parser foundCharacters:(NSString *)string{
    //NSLog(@"节点内容：%@",string);
    if ([self noWhiteSpaceString:string].length) {
        self.value = string;
    }
}
//step 4 解析完当前节点
- (void)parser:(NSXMLParser *)parser didEndElement:(NSString *)elementName
namespaceURI:(NSString *)namespaceURI qualifiedName:(NSString *)qName{
    //NSLog(@"完成节点：%@",elementName);
    NSArray *keys = @[@"title",@"link",@"author",@"guid",@"category",@"pubDate",@"description"];
```

```
        if ([keys containsObject:elementName]) {
            [self.XML_Dic setObject:self.value forKey:elementName];
        }else if ([elementName isEqualToString:@"item"]){
            [self.XML_Source addObject:self.XML_Dic];
        }else{}
    }
    //step 5 解析结束
    - (void)parserDidEndDocument:(NSXMLParser *)parser{
        //NSLog(@"解析结束%@",self.XML_Source);
        NSMutableArray *source = [NSMutableArray array];
        for (NSDictionary *dic in self.XML_Source) {
            newsModel *model = [newsModel new];
            [model setValuesForKeysWithDictionary:dic];
            [source addObject:model];
        }
        self.XML_Source = nil;
        if (self.block) {
            self.block(source, YES, nil);
        }
    }
```

（2）DOM 解析。DOM 解析的特点是通过节点解析。GDataXMLNode 是一个典型的 DOM 解析。

```
    NSError *error = nil;
    GDataXMLDocument *xmlDocument = [[GDataXMLDocument alloc] initWithData:xmlData
    options:0 error:&error];
    if (error) {
        NSLog(@"error : %@", error);
        return;
    }
        // 获取根节点
        GDataXMLElement *rootElement = [xmlDocument rootElement];
        // 获取根节点下的所有子节点
        NSArray *elementArray = rootElement.children;
        for (GDataXMLElement *studentElement in elementArray) {

            Student *stu = [[Student alloc] init];
            [_studentArray addObject:stu];

            for (GDataXMLElement *attributeElement in studentElement.children) {
                [stu setValue:attributeElement.stringValue forKey:attributeElement.name];
            }
        }
```

DOM 相对于 SAX，不仅能读取数据，还能对数据进行修改，而且能实现数据的随机访问。使用中，DOM 将整个 XML 看成是一个树状的结构，在解析的时候会将整个 XML 文件加载到内存当中，再使用 DOM 的 api 进行解析，这样会造成很大程度的内存消耗，对性能会有一定影响。如果加载的 XML 文件较大，则不推荐使用 DOM 的方式来解析和操作 XML。

7.5　问题与讨论

常见的 XML 解析器为 SAX 解析器和 DOM 解析器，两者的优缺点和区别是什么？

项目 8 天气预报（二）——基于网络通信的天气应用

项目导读

通过前面多个项目的实践，我们已经掌握了 iOS 开发技术的核心知识，本项目在离线天气预报项目的基础上实现一个完整的网络天气预报应用。

项目需求描述如下：

1. 在天气预报（一）的基础上增加网络通信功能，可实时获取天气信息。
2. 实现根据不同的城市显示相应的天气信息。
3. 根据雨、雪、阴、晴等天气情况分别显示不同的图标。

教学目标

● 掌握网络请求的基本方法。
● 掌握网络图片的处理方法。
● 掌握较复杂程序的架构设计——网络通信的封装。
● 掌握苹果消息推送的实现方法。
● 了解 Application Extention 的作用和简单实现。

8.1 总体设计

8.1.1 总体分析

在项目 2 应用的基础上增加实时获取在线天气信息数据的功能，数据通过网络从服务器获取并缓存在程序中。

在原有总体模块、用户界面模块、数据管理与控制模块和基础架构模块的基础上增加网络通信模块。数据管理与控制模块根据用户界面模块的需求调用网络通信模块，得到城市天气数据并返回到用户界面。

在整个系统中总体模块控制系统的生命周期，用户界面模块负责显示城市天气数据、天气状态图标以及各个城市间的显示切换；数据管理与控制模块提供数据管理功能，数据管理与控制模块为用户界面模块提供数据，同时可以接收并保存用户界面模块产生的数据；网络通信模块负责发送网络请求并接收网络返回的网络数据信息。

8.1.2 功能模块框图

根据总体分析结果可以总结一下功能模块，框图如图 8-1 所示。

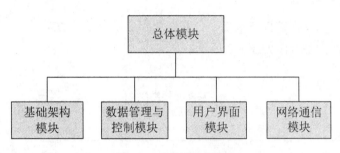

图 8-1　功能模块框图

总体模块的作用主要是生成应用程序的主类，控制应用程序的生命周期。

基础架构模块主要提供程序架构、公共方法和全局变量等。

数据管理与控制模块主要提供数据获取、数据解析、数据读写、数据组织、数据缓存等功能。

用户界面模块包括城市天气显示、城市管理显示、操作提示等功能。

数据管理与控制模块和用户界面模块可以调用基础架构模块的一些通用方法，数据管理与控制模块为用户界面模块提供数据，同时可以接收并保存用户界面模块产生的数据。

网络通信模块主要负责从服务器端获取天气数据信息，数据通过百度提供的天气预报查询接口获取，关于百度数据接口请参考百度网站上的说明文档。

8.1.3 系统流程图

根据总体分析结果及功能模块框图梳理出系统启动的主要流程，如图 8-2 所示。

8.1.4 界面设计

同项目 2，具体请参考 2.1.4 节。

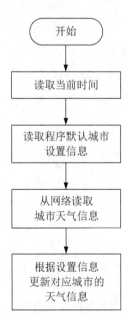

图 8-2　系统流程图

8.2 详细设计

8.2.1 模块描述

在系统整体分析及界面布局设计完成后，主要工作就转入对各个功能模块的详细设计阶段。

1. 基础架构模块详细设计

基础架构模块主要提供程序架构、公共方法和全局变量等功能。

基础架构模块的功能图如图 8-3 所示。

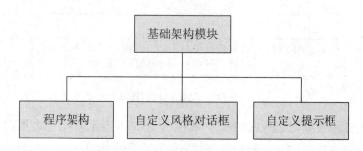

图 8-3　基础架构模块的功能图

2. 用户界面模块详细设计

用户界面模块的主要任务是显示天气信息和实现与用户的交互，即当用户点击按键或屏幕的时候监听器会调用相应的处理方法或其他处理模块。

本模块包括城市天气显示、城市管理显示、操作提示等功能。

用户界面模块的功能图如图 8-4 所示，用户界面模块的序列图如图 8-5 所示。

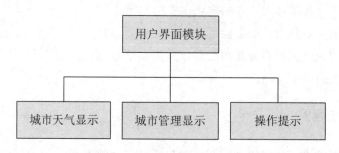

图 8-4　用户界面模块的功能图

3. 数据管理与控制模块详细设计

数据管理与控制模块主要提供数据获取、数据解析、数据组织、数据缓存等功能。

数据管理与控制模块和用户界面模块可以调用基础架构模块的一些通用方法，数据管理与控制模块为用户界面模块提供数据，同时可以接收并保存用户界面模块产生的数据。

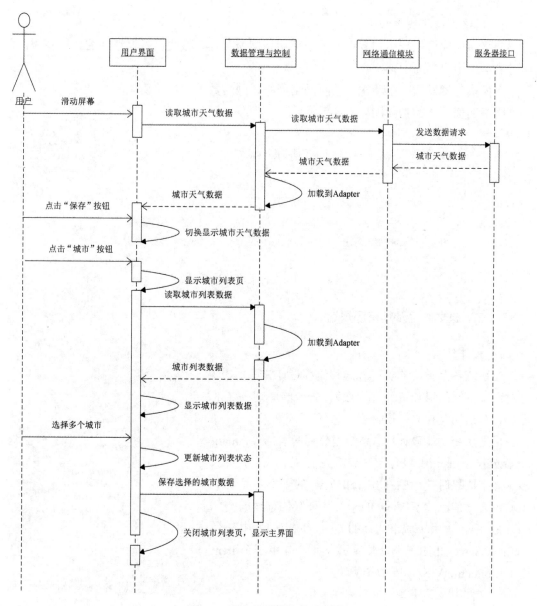

图 8-5 用户界面模块的序列图

数据管理与控制模块的功能图如图 8-6 所示。

图 8-6 数据管理与控制模块的功能图

4. 网络通信模块详细设计

网络通信模块根据用户界面的需求调用访问服务器，接收服务器返回的数据并解析，同时显示到用户界面中。

本模块包括发送网络请求、接收网络应答、网络数据解析等功能。

网络通信模块的功能图如图 8-7 所示。

图 8-7　网络通信模块的功能图

8.2.2　源文件组及其资源规划

1. 文件结构

在系统各个模块的实现方式和流程设计完成后，即可对系统主要的组和资源进行规划，划分的原则主要是保持各个组相互独立，耦合度尽量低。

根据系统功能设计，本系统划分为两大部分：main 和 cityList。main 中包含天气显示的主界面，用于显示多个城市信息时使用的 UIScrollView 的子类和显示单个城市天气信息的 UIView 的子类及天气信息数据类。cityList 中包含用于城市选择的界面，城市列表中一个 UITableViewCell 的子类以及显示一个 Cell 中一个 Item 的 UICollectionViewCell 的子类。

源文件组及其资源结构如图 8-8 所示。

2. 组

示例设置了多个组，分别用来保存用户界面、后台服务的源代码文件。组说明见表 8-1。

3. 源代码文件

源代码文件见表 8-2。

4. 资源文件

资源文件保存在项目根目录下的几个文件中。

● Main.storyboard：程序总体布局以及页面跳转逻辑文件。

● LaunchScreen.storyboard：程序启动界面布局文件。

图 8-8　资源结构

- Assets.xcassets：程序图片资源文件。
- Info.plist：程序配置文件。

资源文件列表见表 8-3。

表 8-1　组说明

组名	说明
class/main/view	存放与天气显示界面相关的源代码文件
class/main/model	存放与天气信息数据相关的源代码文件
class/main/vc	存放天气信息显示界面控制器的源代码文件
class/cityList/view	存放城市选择和天气信息界面相关元素的源代码文件
class/cityList/vc	存放城市选择和天气显示界面控制器的源代码文件

表 8-2　源代码文件

组名称	文件名	说明
class/main/view	weatherScrollView	城市天气显示页面 ScrollView
	WTSubView	单个城市天气显示页面
class/main/model	cityModel	城市列表数据类
	weatherModel	天气信息数据类
class/main/vc	ViewController	城市天气信息界面控制器
class/cityList/view	cityCollectionViewCell	城市选择界面中一行的一个 Item
	detailTableViewCell	城市天气显示界面中的一行

表 8-3　资源文件列表

资源目录	文件	说明
Assets.xcassets	Appicon	程序图标
	baoyu	暴雨的图标
	dayu	大雨的图标
	duoyun	多云的图标
	menuback	主界面背景图
	qing	晴的图标
	xiaoyu	小雨的图标
	yin	阴的图标
	zhenxue	阵雪的图标
	zhongyu	中雨的图标

5. 第三方库

本程序中我们还使用了一些第三方的开源库。

- AFNetworking：用于网络请求。

● SDWebImage：用于加载天气信息图片。

● MBProgressHUD：用于显示提示信息和网络请求状态。

可以在例子工程的 Pods 中找到它们的源代码。

8.2.3 主要方法流程设计

流程图如图 8-9 所示。

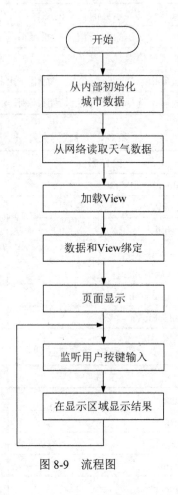

图 8-9　流程图

8.3　代码实现

8.3.1 显示界面布局

同项目 2，具体请参考 2.3.1 节。

8.3.2 控件设计实现

同项目 2，具体请参考 2.3.2 节。

8.3.3 天气预报接口方法实现

由于苹果官方不推荐用户使用不安全的 http 协议，而是建议使用 https 协议。因此默认情况下，在程序中发送 http 请求是无法成功的。为了使用 http 协议，首先需要在项目的 Info.plist 文件中增加一项配置 App Transport Security Settings，该配置项为数组类型，向该数组中增加一个 Allow Arbitrary Loads 元素，将其值设置为 YES，如图 8-10 所示。这样我们的程序才可以访问 http 的服务器。

Information Property List		Dictionary	(15 items)
Localization native development re...	String	$(DEVELOPMENT_LANGUAGE)
Executable file	String	$(EXECUTABLE_NAME)
Bundle identifier	String	$(PRODUCT_BUNDLE_IDENTIFIER)
InfoDictionary version	String	6.0
Bundle name	String	$(PRODUCT_NAME)
Bundle OS Type code	String	APPL
Bundle versions string, short	String	1.0
Bundle version	String	1
Application requires iPhone enviro...	Boolean	YES
▼ App Transport Security Settin...	Dictionary	(1 item)
Allow Arbitrary Loads	Boolean	YES
Launch screen interface file base...	String	LaunchScreen
Main storyboard file base name	String	Main
▶ Required device capabilities	Array	(1 item)
▶ Supported interface orientations	Array	(3 items)
▶ Supported interface orientations (i...	Array	(4 items)

图 8-10 Info.plist 配置

1. 天气信息接口调用

本例中我们使用第三方开源框架 AFNetworking 进行网络请求，向百度天气接口服务发送请求，代码如下：

```
MBProgressHUD *hud = [MBProgressHUD showHUDAddedTo:self animated:YES];
NSMutableDictionary *param = [NSMutableDictionary dictionary];
param[@"location"] = city.cityName;
param[@"output"] = @"json";
param[@"ak"] = @"b0nXa4zOeUDEsmGjwl3dibgo";
NSString *url = [NSString stringWithFormat:@"http://api.map.baidu.com/telematics/v3/weather"];
AFHTTPSessionManager *manager = [AFHTTPSessionManager manager];
[manager GET:url parameters:param progress:nil success:^(NSURLSessionDataTask * _Nonnull task,
id _Nullable responseObject) {

    NSArray *result = responseObject[@"results"];
    NSDictionary *weatherDict = result.firstObject;
    NSArray *weathers = [weatherDict objectForKey:@"weather_data"];

    NSMutableArray *weatherInfo = [NSMutableArray arrayWithCapacity:weathers.count];

    for (NSDictionary *info in weathers) {
        detailModel *detail = [detailModel new];
```

```
        [detail setValuesForKeysWithDictionary:info];
        [weatherInfo addObject:detail];
    }

    detailModel *today = weatherInfo.firstObject;
    NSString *date = today.date;
    NSRange rangeL = [date rangeOfString:@"("];
    NSRange rangeR = [date rangeOfString:@")"];
    NSRange range = NSMakeRange(rangeL.location+1, rangeR.location-rangeL.location-1);

    today.date = @"今天";

    weatherModel *weather = [[weatherModel alloc] init];
    weather.city = city.cityName;
    weather.cityID = city.cityID;
    weather.weather = today.weather;
    weather.temperature = [[date substringWithRange:range] componentsSeparatedByString:@":"].lastObject;
    weather.detailInfo = weatherInfo;
    self.weather = weather;
    [self.tableView reloadData];
    [hud hideAnimated:YES];

} failure:^(NSURLSessionDataTask * _Nullable task, NSError * _Nonnull error) {
    hud.mode = MBProgressHUDModeText;
    hud.label.text = @"加载失败";
    [hud hideAnimated:YES afterDelay:1.5];
}];
```

在请求过程中，还使用了另外一个开源框架 MBProgressHUD，该框架提供了统一的进度条和消息提示显示。

2．天气图片加载

本例中天气图片加载使用了一个第三方框架，我们可以看到在 detailTableViewCell 类中仅仅用一行代码就实现了图片的异步加载。

```
-(void)setDetailInfo:(detailModel *)model{

    self.dateLab.text = model.date;
    [self.imgView setImageWithURL:[NSURL URLWithString:model.dayPictureUrl]];
    self.tempLab.text = model.temperature;
}
```

在第三方框架 SDWebImage 中为 UIImageView 扩展了一个 setImageWithURL 函数，只需要给 UIImageView 设置一个 NSURL，UIImageView 就会自动地去该地址加载图片，有兴趣的同学可以详细地看一下该函数的具体实现。

我们都知道系统提供的 UIImageView 类是不能直接从网络获取图片的，如果想只通过很少的代码获取一个网络图片，只能通过 NSData 类的 dataWithContentsOfURL 系列的函数获取到一个 NSData 类型的数据后转换成 UIImage 赋值给 UIImageView。但是这种方式在这个例子中并不适合，因为该方法是一个同步的网络请求，在图片加载的过程中程序必须等待。当网络状况不佳时，程序会长时间无法响应用户的操作，是一个很不好的用户体验。因此在开发的过程中，图片的加载应该尽量使用异步的方式进行。

8.4　关键知识点解析

8.4.1　在程序中使用天气预报接口

在开发的过程中有时会需要用到天气预报的信息，国家气象局为我们提供了天气预报的接口，只需要去解析即可。国家气象局提供了以下 3 种形式的数据：

- http://www.weather.com.cn/data/sk/101010100.html。
- http://www.weather.com.cn/data/cityinfo/101010100.html。
- http://open.weather.com.cn/data/（需要申请 ID，申请方法请参考网站说明）。

最后一种是解析最全面的。

下面给出数据解析格式。

第一个网址提供的 JSON 数据为：

{"weatherinfo":{"city":" 北 京 ","cityid":"101010100","temp":"-2","WD":" 西 北 风 ","WS":"3　级","SD":"241%","WSE":"3","time":"10:61","isRadar":"1","Radar":"JC_RADAR_AZ9010_JB"}}

第二个网址提供的 JSON 数据为：

{"weatherinfo":{"city":" 北 京 ","cityid":"101010100","temp1":"3 ℃ ","temp2":"-8 ℃ ","weather":" 晴 ","img1":"d0.gif","img2":"n0.gif","ptime":"11:00"}}

第三个网址提供的 JSON 数据较为全面：

{
    "weatherinfo":
        {
            "city":"北京",
            "city_en":"beijing",
            "date_y":"2013 年 1 月 17 日",
            "date":"",
            "week":"星期四",
            "fchh":"11",
            "cityid":"101010100",
            "temp1":"3℃~-8℃",
            "temp2":"3℃~-5℃",
            "temp3":"3℃~-3℃",
            "temp4":"1℃~-5℃",
            "temp5":"3℃~-6℃",
            "temp6":"2℃~-5℃",
            "tempF1":"37.4℉~17.6℉",
            "tempF2":"37.4℉~23℉",

"tempF3":"37.4℉~26.6℉",
"tempF4":"33.8℉~23℉",
"tempF5":"37.4℉~21.2℉",
"tempF6":"35.6℉~23℉",
"weather1":"晴",
"weather2":"晴",
"weather3":"多云转阴",
"weather4":"阴转多云",
"weather5":"多云转晴",
"weather6":"晴转多云",
"img1":"0",
"img2":"99",
"img3":"0",
"img4":"99",
"img5":"1",
"img6":"2",
"img7":"2",
"img8":"1",
"img9":"1",
"img10":"0",
"img11":"0",
"img12":"1",
"img_single":"0",
"img_title1":"晴",
"img_title2":"晴",
"img_title3":"晴",
"img_title4":"晴",
"img_title5":"多云",
"img_title6":"阴",
"img_title7":"阴",
"img_title8":"多云",
"img_title9":"多云",
"img_title10":"晴",
"img_title11":"晴",
"img_title12":"多云",
"img_title_single":"晴",
"wind1":"微风",
"wind2":"微风",
"wind3":"微风",
"wind4":"微风",
"wind5":"微风",
"wind6":"微风",
"fx1":"微风",

```
            "fx2":"微风",
            "fl1":"小于 3 级",
            "fl2":"小于 3 级",
            "fl3":"小于 3 级",
            "fl4":"小于 3 级",
            "fl5":"小于 3 级",
            "fl6":"小于 3 级",
            "index":"冷",
            "index_d":"天气冷，建议着棉衣、皮夹克加羊毛衫等冬季服装。年老体弱者宜着
            厚棉衣或冬大衣。",
            "index48":"冷",
            "index48_d":"天气冷，建议着棉衣、皮夹克加羊毛衫等冬季服装。年老体弱者宜
            着厚棉衣或冬大衣。",
            "index_uv":"弱",
            "index48_uv":"弱",
            "index_xc":"适宜",
            "index_tr":"较适宜",
            "index_co":"较不舒适",
            "st1":"2",
            "st2":"-6",
            "st3":"2",
            "st4":"-3",
            "st5":"3",
            "st6":"-4",
            "index_cl":"适宜",
            "index_ls":"基本适宜",
            "index_ag":"极不易发"
        }
    }
```

下面给出详细解析格式。

以 JSON 格式提供，格式如下：

```
{"weatherinfo":{
//基本信息
"city":"北京","city_en":"beijing",
"date_y":"2013 年 1 月 17 日","date":"辛卯年","week":"星期三","fchh":"18","cityid":"101010100",
//摄氏温度
"temp1":"24℃~33℃","temp2":"24℃~32℃","temp3":"25℃~31℃","temp4":"23℃~30℃",
"temp5":"22℃~30℃","temp6":"21℃~32℃",
//华氏温度
"tempF1":"75.2℉~91.4℉","tempF2":"75.2℉~89.6℉","tempF3":"77℉~87.8℉","tempF4":"73.4℉
~86℉","tempF5":"71.6℉~86℉","tempF6":"69.8℉~89.6℉",
//天气描述
"weather1":"多云","weather2":"晴转多云","weather3":"阴","weather4":"晴转阵雨","weather5":"阵
雨","weather6":"多云",
//天气描述图片序号
```

"img1":"1","img2":"99","img3":"0","img4":"1","img5":"2","img6":"99","img7":"0","img8":"3","img9":"3","img10":"99","img11":"1","img12":"99","img_single":"1",
//图片名称
"img_title1":"多云","img_title2":"多云","img_title3":"晴","img_title4":"多云","img_title5":"阴","img_title6":"阴","img_title7":"晴","img_title8":"阵雨","img_title9":"阵雨","img_title10":"阵雨","img_title11":"多云","img_title12":"多云","img_title_single":"多云",
//风速描述
"wind1":"微风","wind2":"微风","wind3":"微风","wind4":"微风","wind5":"微风","wind6":"微风","fx1":"微风","fx2":"微风","fl1":"小于 3 级","fl2":"小于 3 级","fl3":"小于 3 级","fl4":"小于 3 级","fl5":"小于 3 级","fl6":"小于 3 级",
//今天穿衣指数
"index":"炎热","index_d":"天气炎热，建议着短衫、短裙、短裤、薄型 T 恤衫、敞领短袖棉衫等清凉夏季服装。",
//48 小时穿衣指数
"index48":"炎热","index48_d":"天气炎热，建议着短衫、短裙、短裤、薄型 T 恤衫、敞领短袖棉衫等清凉夏季服装。",
//紫外线及 48 小时紫外线
"index_uv":"中等","index48_uv":"弱",
//洗车
"index_xc":"适宜",
//旅游
"index_tr":"较适宜",
//舒适指数
"index_co":"较不舒适",
//"st1":"33","st2":"24","st3":"32","st4":"25","st5":"32","st6":"24",
//晨练
"index_cl":"适宜",
//晾晒
"index_ls":"适宜",
//过敏
"index_ag":"极易发"}}

字段言简意赅，城市名、英文名、日期、农历日期、星期、预报时间、城市代码、6 个预报温度（华氏温度、摄氏温度）、6 个预报天气和风力，剩下的就是一些气象指数。

8.4.2 采用 APNs 协议实现消息推送

这里我们扩展一个知识点：APNs。

APNs 的全称是 Apple Push Notification service（苹果推送通知服务）。当应用服务器需要向 App 推送一条通知时，可以使用该服务。不论应用处于什么状态，用户都能在手机中看到该通知。

应用可以通过该服务来提升用户体验。比如本例就可以进行一下改进，在后端搭建一个服务用于记录每个用户选择的城市，当用户所在的城市出现如暴雨、大风等不良天气时，主动向该应用推送一条通知，提醒用户注意不良天气。

下面详细介绍如何使用 APNs 进行推送。

1. 实现推送的步骤

推送过程如图 8-11 所示。

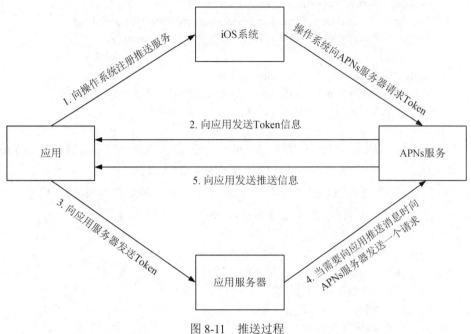

图 8-11　推送过程

如图 8-11 所示，实现推送需要以下几个步骤：

（1）应用向操作系统注册推送服务。一般我们会在程序的入口函数中完成此操作。

```
- (BOOL)application:(UIApplication  *)application  didFinishLaunchingWithOptions:(NSDictionary
*)launchOptions {
    if ([application respondsToSelector:@selector(registerForRemoteNotifications)]) {
        [application registerForRemoteNotifications];
        UIUserNotificationType notificationTypes = UIUserNotificationTypeBadge |
        UIUserNotificationTypeSound | UIUserNotificationTypeAlert;
        UIUserNotificationSettings *settings = [UIUserNotificationSettings
        settingsForTypes:notificationTypes categories:nil];
        [application registerUserNotificationSettings:settings];
    }
    else{
        UIRemoteNotificationType notificationTypes = UIRemoteNotificationTypeBadge |
        UIRemoteNotificationTypeSound | UIRemoteNotificationTypeAlert;
        [[UIApplication sharedApplication] registerForRemoteNotificationTypes:notificationTypes];
    }
    return YES;
}
```

由于 iOS8 以后苹果对推送相关函数进行了修改，因此为了兼容不同的版本需要进行不同方式的推送注册。

系统收到应用的注册消息后，会自动向 APNs 服务器发送注册请求。

（2）APNs 服务器收到注册请求后，向应用发送 Token 信息。通过回调的方式可以获取到该 Token。

```
    - (void)application:(UIApplication *)application
    didRegisterForRemoteNotificationsWithDeviceToken:(NSData *)deviceToken{
        //注册成功时系统回调该函数，Token 通过参数 deviceToken 返回
    }
    - (void)application:(UIApplication *)application
    didFailToRegisterForRemoteNotificationsWithError:(NSError *)error{
        //注册失败时，系统回调该函数并返回失败信息 error
    }
```

（3）程序收到 Token 信息后需要将该 Token 信息发送到自己的服务器并将 Token 与用户信息进行关联，以便服务器可以向指定的用户发送推送消息。

（4）当服务器需要向某些用户推送消息时，先查找这些用户的 Token 信息，然后向 APNs 服务器发送推送请求。APNs 服务器接收 JSON 格式的推送信息：

```
    {
        "aps":{
            "alert":{
                "title":"推送消息的标题",
                "subtitle":"推送消息的子标题",
                "body":"消息内容"
            },
            "badge":1,              //应用收到推送消息时应用图标上显示的消息数
            "sound":"default",      //手机收到推送消息时的提示音
            "userinfo":{ //用户自定义信息
                    //此部分信息不会在系统消息中显示，作为应用程序接收到该消息时的附带信息
            }
        }
    }
```

（5）APNs 服务器收到应用服务器的推送请求时向应用进行消息推送。

2. 程序收到推送消息后的处理

当应用通过以上 5 个步骤收到了推送消息后，我们又该如何处理消息呢？在应用处于不同的状态下时推送消息有不同的处理方式。

当程序处于未启动状态时，操作系统会在通知栏中显示该消息，用户点击该消息可唤起应用,此时程序启动,会响应- (BOOL)application:(UIApplication)application didFinish-LaunchingWithOptions:(NSDictionary)launchOptions 方法，在该方法中可以通过[launchOptions objectForKey:UIApplicationLaunchOptionsRemoteNotificationKey]获取到消息的详细信息。

当程序处于启动状态时，系统会调用- (void)application:(UIApplication)application didReceiveRemoteNotification:(NSDictionary)userInfo 方法，可以通过参数 userInfo 获取推送信息的详细信息。如果此时程序处于后台，系统会在通知栏中显示该消息，而如果程序处于前台，通知栏中将不会显示该消息。

系统会将前文中第 4 步 JSON 格式的信息转为 NSDictionary 类型的数据发送给应用程序。此时就可以通过消息的 title、subtitle、body 和 userInfo 来判断该消息的类型并进行后续的程序处理。

3. 其他处理

想让你的应用能够收到推送消息，除了以上两部分工作之外，还需要在苹果开发者账号中和项目中作相应的设置，大致包括以下几个部分：

（1）在苹果开发者账号中创建该应用的 App Id 并打开 Push Notifications 选项。

（2）在 App Id 编辑页面生成推送证书，该证书用于应用服务器向 APNs 服务器发送请求。

（3）使用该 App Id 创建程序打包时使用的描述文件。

（4）打开项目 Capabilities 中的 Push Notifications 选项。

如果不在 App Id 中打开 Push Notifications 选项，一方面应用服务器没有推送证书，无法向 APNs 服务器发送请求，另一方面应用程序无法从 APNs 服务器获取到 Token。

4. 自定义推送消息界面

在 iOS10 之前，应用程序只能显示文字类型的推送消息。在 iOS10 以后增强了推送功能，应用程序可以在系统的消息栏中展示更丰富的信息。下面就简单介绍一下如何使我们的应用推送消息更丰富。

苹果提供了两种方式来丰富消息通知的内容：UNNotificationServiceExtension 和 UNNotificationContentExtension。可以在 Xcode 菜单中的 File→New→Targets 弹出界面中找到这两种类型的应用扩展。在项目中分别添加这两种类型的应用扩展后项目中会自动创建图 8-12 所示的两个目录。

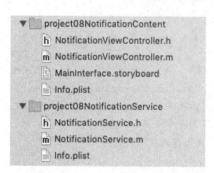

图 8-12　应用扩展

大部分时候并不需要同时使用这两种扩展方式。在项目中，当需要在推送消息界面中增加一些交互（比如添加几个按钮）时，需要增加 UNNotificationServiceExtension，而需要自己定义消息的详细页面内容的时候需要增加 UNNotificationContentExtension。

（1）如何使用 UNNotificationServiceExtension。创建完 UNNotificationServiceExtension 后，系统会为我们生成 NotificationService.h 和 NotificationService.m 两个文件。我们可以在.m 文件中默认生成的方法 - (void)didReceiveNotificationRequest:(UNNotificationRequest *) request withContentHandler:(void (^)(UNNotificationContent * _Nonnull))contentHandler 中进

行相应的处理，代码如下：

```
- (void)didReceiveNotificationRequest:(UNNotificationRequest *)request withContentHandler:(void
(^)(UNNotificationContent * _Nonnull))contentHandler {
self.contentHandler = contentHandler;
//获取推送消息相关信息
self.bestAttemptContent = [request.content mutableCopy];
    //这里可以对消息内容进行修改
    //self.bestAttemptContent.title = [NSString stringWithFormat:@"%@ [modified]",
self.bestAttemptContent.title];
    //添加按钮
    NSMutableArray *actions = [[NSMutableArray alloc] init];
    UNNotificationAction * action1 =[UNNotificationAction actionWithIdentifier:@"Action1"
title:@"没兴趣" options:UNNotificationActionOptionAuthenticationRequired];
UNNotificationAction * action2 = [UNNotificationAction actionWithIdentifier:@"Action2" title:@"
有意思，去看看" options:UNNotificationActionOptionForeground];
    UNTextInputNotificationAction * action3 = [UNTextInputNotificationAction
    actionWithIdentifier:@"Action3" title:@"去评论" options:UNNotificationActionOptionDestructive
    textInputButtonTitle:@"send" textInputPlaceholder:@"说点什么"];
    [actionMutableArr addObjectsFromArray:@[action1,action2,action3]];
    UNNotificationCategory * notficationCategory = [UNNotificationCategory
    categoryWithIdentifier:@"myNotification" actions:actionMutableArr
    intentIdentifiers:@[@"Action1",@"Action2",@"Action3"]
    options:UNNotificationCategoryOptionCustomDismissAction];
    [[UNUserNotificationCenter currentNotificationCenter] setNotificationCategories:[NSSet
    setWithObject:notficationCategory]];


    }

//如果想在通知中展示图片、视频等多媒体信息，可以在 userInfo 中将地址写入某个字段
NSDictionary *dict = self.bestAttemptContent.userInfo;
NSString *imgUrl = dict[@"某个字段"];
//下载 url 地址中的内容，将其保存到本地
NSURL *localURL;        //保存的本地路径
UNNotificationAttachment *attachment = [UNNotificationAttachment attachmentWithIdentifier:@""
URL:localURL options:nil error:nil];
    self.bestAttemptContent.attachments = [NSArray arrayWithObject: attachment];
    self.contentHandler(self.bestAttemptContent);
}
```

（2）如何使用 UNNotificationContentExtension。创建完 UNNotificationContentExtension
后，系统除了会生成 NotificationViewController.h 和 NotificationViewController.m 两个文件
外，还会生成一个 MainInterface.storyboard 文件。就像其他 storyboard 文件一样，我们可
以在这里绘制消息信息的界面，并在 NotificationViewController.m 的下述函数中为界面元
素赋值：

```
- (void)didReceiveNotification:(UNNotification *)notification {
    self.label.text = notification.request.content.body;
}
```

另外还需要注意的是，在 Info.plist 中如图 8-13 所示选中字段的值应与服务器端保持一致。

Key		Type	Value
▼ Information Property List		Dictionary	(10 items)
Localization native development region	⬍	String	$(DEVELOPMENT_LANGUAGE)
Bundle display name	⬍	String	project08NotificationContent
Executable file	⬍	String	$(EXECUTABLE_NAME)
Bundle identifier	⬍	String	$(PRODUCT_BUNDLE_IDENTIFIER)
InfoDictionary version	⬍	String	6.0
Bundle name	⬍	String	$(PRODUCT_NAME)
Bundle OS Type code	⬍	String	XPC!
Bundle versions string, short	⬍	String	1.0
Bundle version	⬍	String	1
▼ NSExtension	⬍	Dictionary	(3 items)
▼ NSExtensionAttributes		Dictionary	(2 items)
UNNotificationExtensionCategory	⊕ ⊖	String	myNotificationCategory
UNNotificationExtensionInitialContentSizeRatio		Number	1
NSExtensionMainStoryboard		String	MainInterface
NSExtensionPointIdentifier		String	com.apple.usernotifications.content-extension

图 8-13　NSExtension 配置信息

8.5　问题与讨论

讨论你开发的应用中能否通过使用推送服务来提升用户体验，哪些信息适合采取推送的方式展示给用户？

项目 9　商务通讯录

项目导读

为商务人士开发一款基于智能手机通讯录增强功能的应用，该应用具有通讯录备份和同步功能、通话历史记录统计功能、附加商务名片编辑功能、来电时商务名片及相关信息即时显示功能。

项目需求描述如下：

1. 用户注册和登录模块。
2. 手机联系人模块，功能包括展示联系人列表、详细信息、拨打电话。
3. 可以在手机端为联系人附加商务名片等额外信息。
4. 当具有额外信息的联系人来电时，屏幕显示该联系人的商务名片。
5. 支持输入电话号码或中文名字查找联系人，在输入过程中匹配结果应实时进行过滤。
6. 联系人查找功能支持拼音首字母或拼音模糊查询。
7. 使用本地数据库判断来电是否为黑名单号码并屏蔽黑名单来电。

教学目标

- 学习访问手机通讯录。
- 学习拦截来电。

9.1　总体设计

9.1.1　总体分析

该应用使用 CallKit 实现来电识别和黑名单设置功能，对本地存储的黑名单进行来电拦截。

9.1.2　功能模块框图

根据总体分析结果可以总结一下功能模块，框图如图 9-1 所示。

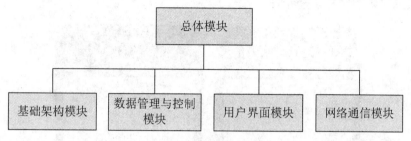

图 9-1　功能模块框图

总体模块的作用主要是生成应用程序的主类，控制应用程序的生命周期。

基础架构模块主要提供程序架构、公用方法，包括自定义风格对话框、自定义提示框等功能。

数据管理与控制模块主要提供数据获取、数据解析、数据读写、数据组织、数据缓存等功能。

用户界面模块包括通讯录列表显示、来电黑名单设置、操作提示等功能。

数据管理与控制模块和用户界面模块可以调用基础架构模块的一些通用方法，数据管理与控制模块为用户界面模块提供数据，同时可以接收并保存用户界面模块产生的数据。

9.1.3　系统流程图

根据总体分析结果及功能模块框图梳理出系统启动的主要流程，如图 9-2 所示。

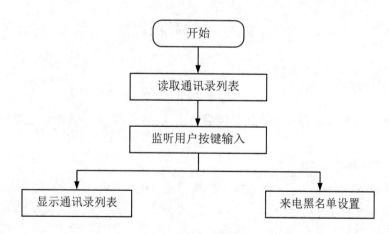

图 9-2　系统流程图

9.1.4　界面设计

本应用是显示通讯录的应用，主要实现通讯录列表显示和来电黑名单设置。

根据程序功能需求可以规划出软件的主要界面如图 9-3 所示。

● 通讯录列表：启动应用程序后显示通讯录列表。
● 来电黑名单设置：点击底部的"设置"按钮切换页面后点击"来电黑名单设置"进入来电黑名单设置界面。

图 9-3 系统主界面

从图 9-3 可以很直观地看到，主界面包含两个选项卡：通讯录列表区和设置区。通讯录列表页包含姓名和电话，设置页包含来电黑名单设置功能。

9.2 详细设计

9.2.1 模块描述

在系统整体分析及界面布局设计完成后，主要工作就转入对各个功能模块的详细设计阶段。

1. 基础架构模块详细设计

基础架构模块主要提供程序架构、所有 UINavigationController 公用的父类、所有 UINavigationController 公用的方法，包括自定义风格对话框、自定义提示框等功能。

基础架构模块的功能图如图 9-4 所示。

2. 用户界面模块详细设计

用户界面模块的主要任务是显示通讯录信息和实现与用户的交互，即当用户点击按键或屏幕的时候监听器会调用相应的处理办法或其他处理模块。

本模块包括通讯录显示、来电黑名单设置等功能。

图 9-4　基础架构模块的功能图

用户界面模块的功能图如图 9-5 所示。

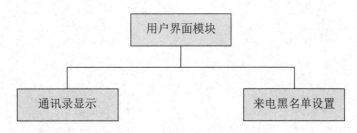

图 9-5　用户界面模块的功能图

3．数据管理与控制模块详细设计

数据管理与控制模块主要提供数据获取、数据解析、数据组织、数据缓存等功能。

数据管理与控制模块和用户界面模块可以调用基础架构模块的一些通用方法，数据管理与控制模块为用户界面模块提供数据，同时可以接收并保存用户界面模块产生的数据。

数据管理与控制模块的功能图如图 9-6 所示。

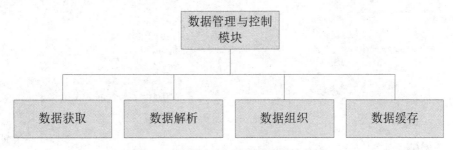

图 9-6　数据管理与控制模块的功能图

9.2.2　源文件组及其资源规划

1．文件结构

在系统各个模块的实现方式和流程设计完成后，即可对系统的主要功能和资源进行规划，划分的原则主要是保持各个功能相互独立，耦合度尽量低。

根据系统功能设计，本系统封装一个基础的 UITabBarController 类，加载各个子页的通用控件，并提供一些基础的实现方法。

系统使用两个 UINavigationController 和两个 UIViewController（一个 UIViewController 用于显示通讯录信息，另一个 UIViewController 用于通讯录设置），通讯录设置中有一个 UIViewController 是来电黑名单设置界面。组及资源结构如图 9-7 所示。

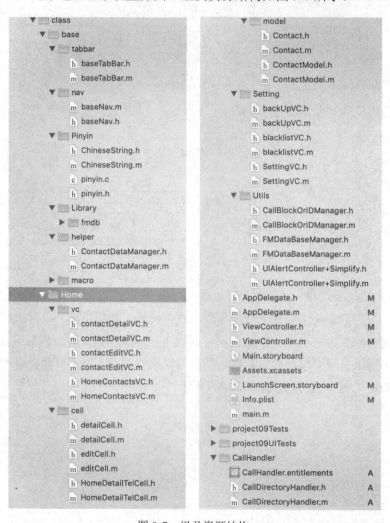

图 9-7　组及资源结构

2. 源代码文件

源代码文件见表 9-1。

表 9-1　源代码文件

组名称	文件名	说明
base	baseTabBar	TabBar 基础类
	baseNav	导航栏基础类
	ContactDataManager	获取本地通讯录数据工具类
	ChineseString,pinyin	拼音检索类
	fmdb	数据库

组名称	文件名	说明
Home	detailCell	通讯录详情自定义 cell
	HomeDetailTelCell	通讯录详情自定义 cell
	editCell	通讯录编辑自定义 cell
	Contact, ContactModel	联系人模型对象
	HomeContactsVC	通讯录列表页面
	contactDetailVC	通讯录详情页面
	contactEditVC	通讯录编辑页面
Utils	CallBlockOrIDManager	标记及黑名单管理类
	FMDataBaseManager	数据库管理类
Setting	SettingVC	设置类主页面
	blacklistVC	黑名单类
CallHandler	CallDirectoryHandler	Call Directory app extension 类

9.2.3 主要方法流程设计

更新通讯录流程图如图 9-8 所示。

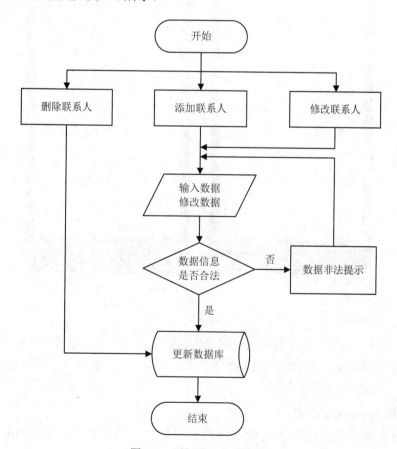

图 9-8　更新通讯录流程图

9.3 代码实现

9.3.1 显示界面布局

1. 系统主界面

系统主界面是系统进入后显示的联系人列表和设置界面，其中包括一个 UITabBarController 控件和两个 UINavigationController 控件。其中，一个 UINavigationController 的根视图中嵌入了一个 UITableView、一个 UISearchBar，每个 UITableView 条目中包含两个 UILabel；另一个 UINavigationController 的根视图中也嵌入了一个 UITableView，每个 UITableView 条目中包含了一个 UIImageView 和一个 UILabel，如图 9-9 所示。

图 9-9　系统主界面

2. 联系人详情界面

联系人详情界面用于显示联系人详细信息，可以进行联系人详情编辑和查看，该界面包括一个 UITableView，是自定义的 Cell 界面，每个 Cell 都包含一个 UILabel 和一个 UITextField，如图 9-10 所示。

3. 来电黑名单设置界面

来电黑名单设置界面用于进行来电黑名单设置，其中包括一个 UIButton 和一个 UITextView，如图 9-11 所示。

图 9-10　联系人详情界面　　　　　图 9-11　来电黑名单设置界面

9.3.2　实现过程

（1）对工程创建 call extension 功能 Target，如图 9-12 所示。

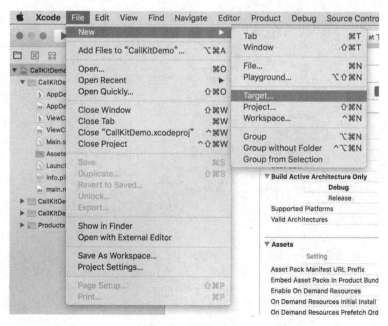

图 9-12　创建 Target

（2）选中 iOS 下的 Call Directory Extension，如图 9-13 所示。

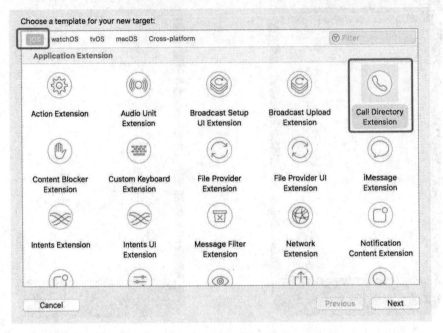

图 9-13　选中 Extension

（3）编写 extension 工程名（callExtension 的 bundle id），如图 9-14 所示。

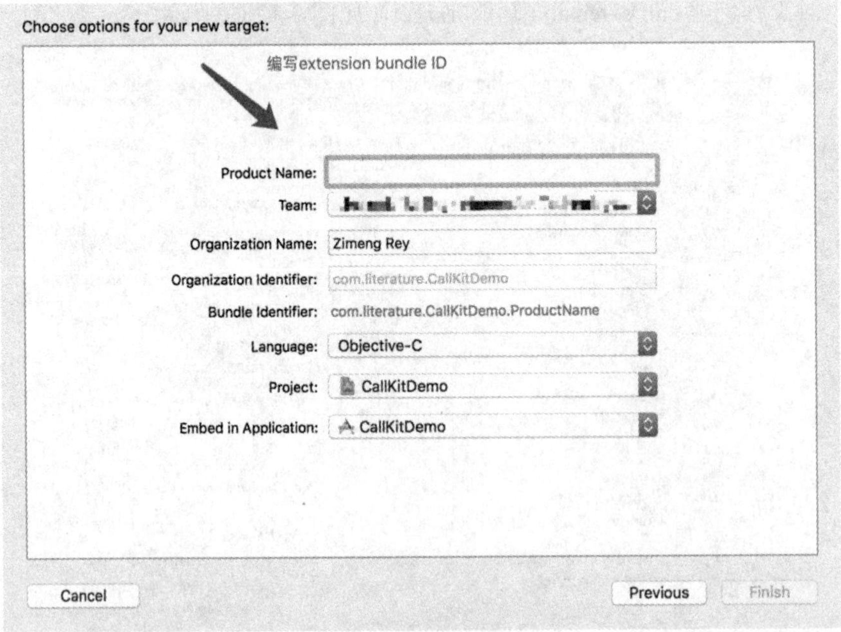

图 9-14　编写 Extension

（4）配置工程 App Group 功能，如图 9-15 所示。

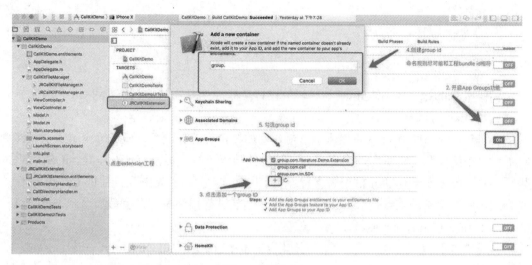

图 9-15　配置 Group

（5）查看配置的 Group，如图 9-16 所示。

图 9-16　查看配置的 Group

9.3.3　检查权限授权

开启 extension 功能需要在"设置"→"电话"→"来电阻止与身份识别"中实现，在写入数据时第一步是引导用户给我们的 extension 授权。

```
CXCallDirectoryManager *manager = [CXCallDirectoryManager sharedInstance];
[manage
  getEnabledStatusForExtensionWithIdentifier:self.externsionIdentifier
  completionHandler:^(CXCallDirectoryEnabledStatus enabledStatus, NSError * _Nullable error) {
    // 根据 error，enabledStatus 判断授权情况
    // error == nil && enabledStatus == CXCallDirectoryEnabledStatusEnabled 说明可用
    // error 见 CXErrorCodeCallDirectoryManagerError
    // enabledStatus 见 CXCallDirectoryEnabledStatus
}];
```

9.4 关键知识点解析

要使用 CallKit 实现来电识别和黑名单设置功能，先要知道什么是 CallKit。

1. Callkit 的概念

Callkit 功能又叫 App 内直接来电功能，比如在锁屏的界面下，微信等应用来电能够直接显示"拒绝"和"接听"的全屏界面，这种体验跟传统通话没有什么差异。iOS10 版本以后，苹果公司推出 Callkit 框架来支持 VoIP 功能。这里不对 VoIP 所产生的 Callkit 进行功能开发，所以此次的重点是对 Callkit 来电提示功能进行描述编写及拦截黑名单来电。

2. Call Directory app extension

实现来电识别、来电拦截功能需要使用 CallKit 当中的 Call Directory app extension，首先需要了解 extension。使用 Call Directory Extension 主要需要和 3 个类打交道，分别是 CXCallDirectoryProvider、CXCallDirectoryExtensionContext、CXCallDirectoryManager。

CXCallDirectoryProvider 是 Call Directory app extension 最重要的一个类。用系统模板新建 Call Directory Extension 之后会自动生成一个类，继承自 CXCallDirectoryProvider。入口方法：

```
//有两种情况该方法会被调用
//1.第一次打开"设置"→"电话"→"来电阻止与身份识别"开关时，系统自动调用
//2.调用 CXCallDirectoryManager 的 reloadExtensionWithIdentifier 方法会调用
- (void)beginRequestWithExtensionContext:(CXCallDirectoryExtensionContext *)context {
    context.delegate = self;
    // 添加号码识别信息与号码拦截列表
    [self addIdentificationPhoneNumbersToContext:context];
    [context completeRequestWithCompletionHandler:nil];
}
```

CXCallDirectoryExtensionContext 是一个为 Call Directory app extension 添加号码识别、号码拦截的入口。CXCallDirectoryExtensionContext 不需要自己初始化，它会作为 CXCallDirectoryProvider 的 beginRequestWithExtensionContext 函数的参数传递给使用者。它的主要方法有两个：

```
//设置号码识别信息
-(void)addIdentificationEntryWithNextSequentialPhoneNumber:(CXCallDirectoryPhoneNumber)phoneNumber label:(NSString *)label;
//设置号码拦截列表
-(void)addBlockingEntryWithNextSequentialPhoneNumber:(CXCallDirectoryPhoneNumber)phoneNumber;
```

CXCallDirectoryManager 的主要作用是管理 Call Directory app extension，有两个方法：

```
//重新设置号码识别、电话拦截列表
//调用该方法后会重置之前设置的列表，然后调用 beginRequestWithExtensionContext
- (void)reloadExtensionWithIdentifier:(NSString *)identifier completionHandler:(nullable void
```

(^)(NSError *_Nullable error))completion;
//extension 是否可用状态获取，该操作需要在"设置"→"电话"→"来电阻止与身份识别"
//中开启权限
- (void)getEnabledStatusForExtensionWithIdentifier:(NSString *)identifier completionHandler:(void
(^)(CXCallDirectoryEnabledStatus enabledStatus, NSError *_Nullable error))completion;

9.5 问题与讨论

1. extension 和 containing app 是如何进行数据共享的？
2. 设置拦截或标记号码时需要注意哪些？

项目 10 蓝牙打印机

项目导读

一款集休闲、娱乐、办公于一体的打印机软件应用既可以随手打印花式图片，又可以打印办公便条，具有打印文字、图片、网页和涂鸦功能。

项目需求描述如下：

1. 文字打印模块，功能包括设置打印文字的大小、对齐方式，可以打印手机分享出来的文字、图片。

2. 网页打印模块，功能包括网址的转到、前进、后退；网页显示字体的放大和缩小；打印预览、当前页打印和全部打印。

3. 涂鸦模块，功能包括设置画笔粗细、操作撤消和擦除。

4. 打印图片模块，功能包括拍照打印和本地相册打印。

5. 蓝牙搜索模块，功能包括蓝牙搜索、选择和匹配。

6. 可以设置软件语言。

教学目标

● 学习蓝牙通信。

● 学习蓝牙搜索匹配。

10.1 总体设计

10.1.1 总体分析

该应用通过蓝牙模块实现手机与打印机的交互通信，控制打印机进行文字、图片、网页和涂鸦的打印。

10.1.2 功能模块框图

根据总体分析结果可以总结一下功能模块，框图如图 10-1 所示。

图 10-1　功能模块框图

总体模块的主要作用是生成应用程序的主类，控制应用程序的生命周期。

基础架构模块主要提供程序架构、所有 UIViewController 公用的父类和公用的宏定义、自定义风格按钮、通用提示框、图形处理、蓝牙基础操作等功能。

数据管理与控制模块主要提供数据获取、数据解析、数据读写、数据组织、数据缓存等功能。

用户界面模块包括打印文本、涂鸦、网页、操作提示等功能。

数据管理与控制模块和用户界面模块可以调用基础架构模块的一些通用方法，数据管理与控制模块为用户界面模块提供数据，同时可以接收并保存用户界面模块产生的数据。

网络通信模块主要负责获取网页信息。

10.1.3　系统流程图

根据总体分析结果及功能模块框图梳理出系统启动的主要流程，如图 10-2 所示。

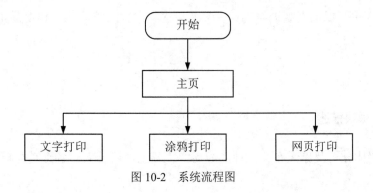

图 10-2　系统流程图

10.1.4　界面设计

本应用是操作打印机的应用，主要实现打印文字、涂鸦和网页。

根据程序功能需求可以规划出软件的主界面，如图 10-3 所示。

- 主页：文字、涂鸦、网页和设置。
- 文本：点击主页中的"文本"按钮进入文字打印页面。
- 涂鸦：点击主页中的"涂鸦"按钮进入涂鸦打印页面。
- 网页：点击主页中的"网页"按钮进入网页打印页面。

图 10-3   系统主界面

从图 10-3 中可以很直观地看到，主界面包含文本、涂鸦、网页和设置 4 个功能。

10.2   详细设计

10.2.1   模块描述

在系统整体分析及界面布局设计完成后，主要工作就转入对各个功能模块的详细设计阶段。

1. 基础架构模块详细设计

基础架构模块主要提供内容如下：

- 程序架构：由 MainRoot.storyboard 故事板作为程序功能实现的逻辑架构。
- 公用类库：封装 BaseVC 类，继承自 UIViewController，处理故事板中所需控制器视图的公用事件，如导航栏回退事件、导航栏背景色等。
- 自定义控件：在程序开发中如果遇到使用频度较高，有个性化需求的控件会使用自定义方式达到个性化功能需求，同时达到样式统一、易修改等要求。本项目自定义了 UIButton 控件，引用了统一提示控件 MBProgressHUD。

基础架构模块的功能图如图 10-4 所示。

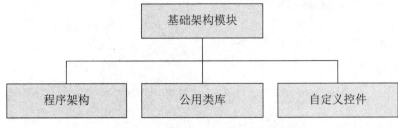

图 10-4　基础架构模块的功能图

2. 用户界面模块详细设计

用户界面模块的主要任务是打印内容填写及实现与用户的交互，即当用户点击按键或屏幕的时候监听器会调用相应的处理方法或其他处理模块。

本模块包括文字打印、涂鸦打印、网页打印和设置等功能。

用户界面模块的功能图如图 10-5 所示。

图 10-5　用户界面模块的功能图

3. 数据管理与控制模块详细设计

数据管理与控制模块主要提供数据获取、数据解析、数据组织、数据缓存等功能。

数据管理与控制模块和用户界面模块可以调用基础架构模块的一些通用方法，数据管理与控制模块为用户界面模块提供数据，同时可以接收并保存用户界面模块产生的数据。

数据管理与控制模块的功能图如图 10-6 所示。

图 10-6　数据管理与控制模块的功能图

4. 网络通信模块详细设计

网络通信模块根据用户界面的需求调用访问服务器，接收服务器返回的数据并解析，同时显示到用户界面中。

本模块包括发送网络请求、接收网络应答、网络数据解析等功能。

网络通信模块的功能图如图 10-7 所示。

图 10-7　网络通信模块的功能图

10.2.2　源文件组及其资源规划

1. 文件结构

在系统各个模块的实现方式和流程设计完成后,即可对系统主要的组和资源进行规划,划分的原则主要是保持各个组相互独立,耦合度尽量低。

根据系统功能设计,本项目封装基础类、工具类、宏定义等通用性组件类库,使用 MVC 设计模式进行程序功能性开发。

组及资源结构如图 10-8 所示。

图 10-8　组及资源结构

2. 源代码文件

源代码文件见表 10-1。

表 10-1　源代码文件

组名称	文件名	说明
宏定义	BaseHeader.h	基础类库头文件
	MacroUtil.h	宏定义文件
	MacroStatus.h	状态提示宏定义
基础类	BaseVC	自定义 UIViewController，用于处理通用功能，比如导航栏后退事件
	BaseButton	自定义 UIButton，用于全局按钮自定义处理
工具类	BaseImageProcessing	对图片进行处理的特定算法
	BaseImageObject	算法数据存储对象
	TYSnapshot	截图类，可实现多个图片拼接，对 UIScrollView、UITableView、WKWebView 实现图片截图
	BaseBlueManager	蓝牙管理中心，处理蓝牙连接、异常处理、打印等功能
	BaseActivity	多语言类，处理语言切换保存等功能
Model	SetVTCObject	设置表格对象，保存 UITableViewCell 显示信息
View	BaibanView	涂鸦视图窗口
	RootGridCollectionViewCell	首页功能布局内容组件
	RootGridHeadReusableView	首页功能布局头视图组件
Controller	RootViewController	首页功能控制器视图
	RootImageViewController	图片功能控制器视图
	RootTextViewController	文本功能控制器视图
	RootWKWebViewController	网页功能控制器视图
	RootGraffitiViewController	涂鸦功能控制器视图
	RootBlueConViewController	蓝牙功能控制器视图
	RootSetViewController	设置功能控制器视图
	RootSetPrintViewController	打印设置功能控制器视图
	RootSetLanguleViewController	语言设置功能控制器视图

3. 资源文件

iOS 的图片资源文件保存在 Assets.xcassets 目录中，见表 10-2。

- /01 通用：目录中保存的是全局通用的图片文件。
- /02 首页：目录中保存的是首页功能布局需要的图片文件。
- /03 文本：目录中保存的是文本功能布局需要的图片文件。
- /04 涂鸦：目录中保存的是涂鸦功能布局需要的图片文件。

- /05 网页：目录中保存的是网页功能布局需要的图片文件。
- /06 设置：目录中保存的是设置功能布局需要的图片文件。
- /07 蓝牙：目录中保存的是蓝牙功能布局需要的图片文件。

表 10-2　资源文件列表

资源目录	文件	说明
01 通用	icon_back_white	导航栏后退图标
02 首页	btn_bg1	文本按钮背景
	btn_bg2	涂鸦按钮背景
	btn_bg3	网页按钮背景
	btn_bg4	设置按钮背景
	ic_home_en1	文本按钮英文图标
	ic_home_en2	涂鸦按钮英文图标
	ic_home_en3	网页按钮英文图标
	ic_home_en4	设置按钮英文图标
	ic_home_1	文本按钮中文图标
	ic_home_2	涂鸦按钮中文图标
	ic_home_3	网页按钮中文图标
	ic_home_4	设置按钮中文图标
	bg_home	页面背景
	ic_home_p1	首页蓝牙打印图标
	ic_home_p2	首页蓝牙打印箭头图标
03 文本	icon_5_selected	单选选择状态图标
	icon_5	单选未选择状态图标
04 涂鸦	btn_clear	绘制状态图标
	btn_write	擦除状态图标
	btn_delete_pressed	清空画板普通状态图标
	btn_delete	清空画板高亮状态图标
	btn_pen_pressed	画笔选择普通状态图标
	btn_pen	画笔选择高亮状态图标
	btn_printer_pressed	涂鸦打印普通状态图标
	btn_printer	涂鸦打印高亮状态图标
05 网页	btn_a1_pressed	字体减小普通状态图标
	btn_a1	字体减小高亮状态图标
	btn_a2_pressed	字体变大普通状态图标
	btn_a2	字体变大高亮状态图标
	btn_back_pressed	网页后退普通状态图标
	btn_back	网页后退高亮状态图标
	btn_next_pressed	网页前进普通状态图标

资源目录	文件	说明
05 网页	btn_next	网页前进高亮状态图标
	btn_printview_pressed	网页打印普通状态图标
	btn_printview	网页打印高亮状态图标
06 设置	ic_lg_translation	语言选择图标
	ic_settings	打印设置图标
	ic_set1	浓度设置图标
	ic_set2	状态检测图标
07 蓝牙	ic_bluetooth	蓝牙标识图标

10.2.3 主要方法流程设计

蓝牙通信流程图如图 10-9 所示。

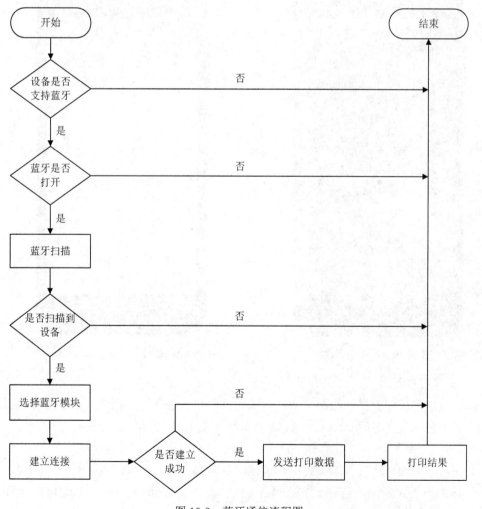

图 10-9 蓝牙通信流程图

10.3　代码实现

10.3.1　显示界面布局

1．系统主界面

系统主界面是系统进入后的显示界面，它使用 UICollectionView 控件布局显示，如图 10-10 所示。

2．文本打印界面

文本打印界面用于进行文本打印，可以对打印文本进行字体大小设置和打印，其中包括 3 个 UIButton、一个 radioGroup 和一个 EditText，如图 10-11 所示。

图 10-10　系统主界面　　　　　　　　　　图 10-11　文本打印界面

3．涂鸦打印界面

涂鸦打印界面用于进行涂鸦打印，可以对打印涂鸦进行笔画粗细设置、擦除、撤消和打印，其中包括 4 个 UIButton 和一个 UIView，如图 10-12 所示。

4．网页打印界面

网页打印界面用于进行网页打印，可以对打印网页进行网址转入、前进、后退，网页文字字体大小设置、网页打印设置，其中包括 6 个 UIButton、一个 UIEditText 和一个 UIWebView，如图 10-13 所示。

图 10-12　涂鸦打印界面

图 10-13　网页打印界面

5. 设置界面

设置界面用于语言选择和打印设置，可以对系统使用的语言进行选择，包括中文和英文，打印设置包括浓度设置和状态检测，浓度设置通过指令设置打印的默认浓度，状态检测检测打印纸状态。设置界面如图 10-14 所示。

图 10-14　设置界面

10.3.2 控件设计实现

自定义按钮，对全局通用性按钮进行重绘。

```
- (void)drawRect:(CGRect)rect {
    // Drawing code
    // 设置文字颜色
    [self setTitleColor:[UIColor whiteColor]forState:UIControlStateNormal];
    // 设置视图圆半径
    self.layer.masksToBounds = YES;
    // 设置圆角大小
    self.layer.cornerRadius = 3;
    // 设置按钮字体
    self.titleLabel.font = [UIFont systemFontOfSize: 18];
}
```

10.3.3 图片算法处理

蓝牙打印图片，由于图片数据是彩色数据，故打印机协议不同需要对图片进行算法处理，这里在 BaseImageProcessing 类的 imageGrayAllProcess 函数中经过了数据处理，符合示例所用的数据要求，实际使用中要根据步骤逻辑进行调整，具体做法如下：

（1）图片等比缩放，因为在不同手机中截图的屏幕图片大小比例不同，打印的尺寸需要标准，所以需要对图片进行等比压缩或者放大。

```
CGFloat targetWidth = imageWidth;      //原始定宽图片大小，根据打印纸张宽度确定
CGFloat targetHeight = height / (width / targetWidth);      //计算高度
CGSize size = CGSizeMake(targetWidth, targetHeight);
UIGraphicsBeginImageContext(size);
CGRect thumbnailRect = CGRectZero;
thumbnailRect.origin = thumbnailPoint;
thumbnailRect.size.width = scaledWidth;
thumbnailRect.size.height = scaledHeight;
[fImage drawInRect:thumbnailRect];
sImage = UIGraphicsGetImageFromCurrentImageContext();
UIGraphicsEndImageContext();
```

（2）图片灰度处理。

```
//创建灰度色彩空间的对象
CGColorSpaceRef colorSpace = CGColorSpaceCreateDeviceGray();
CGContextRef context = CGBitmapContextCreate (nil, sImage.size.width, sImage.size.height,8,0,
colorSpace,kCGImageAlphaNone);
CGColorSpaceRelease(colorSpace);
CGContextDrawImage(context,CGRectMake(0,0, sImage.size.width, sImage.size.height), fImage.CGImage);
//从上下文中获取并生成转为灰度的图片
sImage = [UIImage imageWithCGImage:CGBitmapContextCreateImage(context)];
CGContextRelease(context);
```

（3）图片数据按打印要求进行分包处理。

```
NSInteger bufersize = imageWidth*3;
NSMutableArray *dataArray = [NSMutableArray array];
Byte *imageByte = malloc(sizeof(*imageByte)*bufersize);
//默认白色
memset(imageByte, 255, bufersize);
for (int i=0; i<gHeight; i+=24) {
      for(int read = 0; read < bufersize; ++read)
      {//宽度开始循环
           for(int e = 0; e < 24; ++e) {//每次循环 24 个
               int grey;
               if (i + e< gHeight) {
                   int var21 = bmp_dst[(i + e) * imageWidth + read / 3];      //数组
                   grey = 255 & var21;
               } else {
                    grey = 255;
               }
               if(e == 8 || e == 16) {
                      ++read;
               }
               if(grey < 100) {
                  imageByte[read] = (Byte)(imageByte[read] * 2 + 1);         //图片内容
               } else {
                  imageByte[read] = (Byte)(imageByte[read] * 2);            //图片内容
               }
            }
       }
      //图片需要多次分包发送，存储每次发送的数据包
      NSData *imageData = [NSData dataWithBytes:imageByte length:bufersize];
      [dataArray addObject:imageData];        //保存到数组中
}
```

10.3.4 蓝牙连接管理

示例程序包括文字、图片、网页等多控制器视图，使用到连接数据打印，所以将蓝牙连接处理封装了管理类 BaseBlueManager，使用了支持 BLE 蓝牙技术的 BabyBluetooth 进行蓝牙通信，管理类函数定义如下：

```
typedef NS_ENUM(NSUInteger, BluePrintType) {
     BluePrintType_Unknown,           //未知状态
     BluePrintType_Text,              //文本类型
     BluePrintType_BigText,           //大文字类型
     BluePrintType_ImageData,         //单图片数据类型
     BluePrintType_AllImageData,      //多图片数据类型
     BluePrintType_Status             //状态检测
};
```

```
//初始化蓝牙连接
-(id)initBlueConnectManager;

//初始化蓝牙并自动扫描连接
-(id)initBlueScanConnectManager;

//打印机状态检测
-(void)zlPrintStatusType:(BluePrintStatusBlock)statusBlock
success:(BluePrintSuccessBlock)success error:(BluePrintFailureBlock)failure;

//主要用于打印图片类型
-(void)zlPrintImageData:(UIImage*)printImage datas:(NSArray*)imageDataArray
success:(BluePrintSuccessBlock)success error:(BluePrintFailureBlock)failure;

//开始蓝牙连接
-(void)startBlueConnection;

//结束蓝牙连接
-(void)endBlueConnection;

//设置蓝牙委托
-(void) setBlueManagerDelegate;

//获取蓝牙设备状态
-(BOOL)blueStatue;

//获取蓝牙连接状态
-(BOOL)blueConnectStatue;
```

10.3.5　搜索连接蓝牙设备

要想与任何蓝牙模块进行通信，首先要搜到该设备。

```
//开始连接
-(void)startBlueConnection
{
    if (!_isBlueEnabled) {    //蓝牙不可以使用，不进行连接
        [self endBlueConnection];
        return;

    }
    if (!_isShow) {
        [SVProgressHUD showWithStatus:@"连接中..."];
    }
    NSUserDefaults *defaults = [[NSUserDefaults alloc] initWithSuiteName: @"group.demo.
    shareExtension"];
    NSString *uuisString = [defaults objectForKey:kPeripheralUUID];
```

```
//App 设备第一次连接蓝牙，进入搜索蓝牙模式
if (uuisString == nil || [uuisString isEqualToString:@""]) {
            _baby.scanForPeripherals().begin();
}else{ //蓝牙信息已存储，进入自动连接模式
    _myPeripheral = [_baby retrievePeripheralWithUUIDString:uuisString];
_baby.having(_myPeripheral).and.then.connectToPeripherals().discoverServices().discoverCharacteri
stics().readValueForCharacteristic().begin();
            //3 秒连接时间
    [NSTimer scheduledTimerWithTimeInterval:3
                                     target:self
                                   selector:@selector(BlueConnectTimerFire)
                                   userInfo:nil
                                    repeats:NO];


}
}
```

在这之前，先要调用一个方法。

通过设置 babyDelegate 委托调用 setBlockOnCentralManagerDidUpdateState 回调进行蓝牙监听，得到蓝牙状态 isBlueEnabled。

NSUserDefaults 用来存储用户设置、系统设置等数据，示例中存储了蓝牙设备标识符 UUID，该 UUID 是 iOS 系统通过算法实现的，所以不同的手机连接同一个设备，UUID 也是不同的，通过存储设备标识既可以进行自动连接的实现，同时可对后续系统蓝牙分享方式打印提供数据同步。

由于自动蓝牙是持续性搜索直至连接成功，为避免程序一直处在搜索状态，通过 NSTimer 定时器设置自动连接时间，对用户做出友好性提示。

10.4 关键知识点解析

下面介绍蓝牙广播信息的获取。

iOS 系统蓝牙通信是使用 CoreBluetooth 框架实现的，其中蓝牙广播信息包括 4 种类型，开发者仅能通过框架提供的函数实现蓝牙信息获取。

```
- (void)centralManager:(CBCentralManager *)central didDiscoverPeripheral:(CBPeripheral *)
peripheral advertisementData:(NSDictionary<NSString *, id> *)advertisementData RSSI:
(NSNumber *)RSSI
{
}
```

开发时，蓝牙设备的硬件工程师需要将 Mac 地址放到 kCBAdvDataManufacturerData 中，iOS 可通过 advertisementData 获取该信息。

在实际开发过程中，会出现在 iOS 8 上获取错误的情况，出现这个问题的原因在于 iOS 版本的差异。

iOS 8 及以前：kCBAdvDataManufacturerData 数据仅包含 scan response (SCAN_RSP)。

iOS 9 及以后：kCBAdvDataManufacturerData 数据包括 advertising packet (ADV_IND) 和 scan response (SCAN_RSP) 两部分。

10.5　问题与讨论

1．如何解决打印过程中已连接蓝牙断开重连接？
2．如何解决蓝牙多控制器视图使用同一个蓝牙连接？
3．如何进行多个设备的蓝牙连接？

项目 11　简信聊天——基于 Socket 的即时通信应用

项目导读

一款基于 Socket 通信技术的聊天小应用，可以实现好友的 IM 即时聊天功能。

项目需求描述如下：

1. 用户注册和登录模块。
2. 会话列表模块，显示最近好友会话列表，功能包括删除会话记录、显示未读消息。
3. 聊天模块，显示与某个指定联系人的聊天内容。
4. 联系人模块，功能包括好友列表、添加好友、删除好友。
5. 设置模块，功能包括设置头像、昵称、性别及退出登录。

教学目标

- 学习 Socket 通信。
- 学习消息队列。

11.1　总体设计

11.1.1　总体分析

该应用通过 Socket 实现好友的交互通信，用户可以和好友进行聊天，可以添加、删除好友，可以编辑个人信息。

11.1.2　功能模块框图

根据总体分析结果可以总结一下功能模块，框图如图 11-1 所示。

总体模块的主要作用是生成应用程序的主类，控制应用程序的生命周期。

基础架构模块主要提供程序架构、所有的公用方法、全局变量，包括自定义风格对话框、自定义提示框等功能。

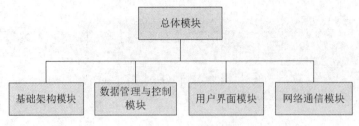

图 11-1　功能模块框图

数据管理与控制模块主要提供数据获取、数据解析、数据读写、数据组织、数据缓存等功能。

用户界面模块包括聊天界面显示、会话列表、设置界面等功能。

数据管理与控制模块和用户界面模块可以调用基础架构模块的一些通用方法，数据管理与控制模块为用户界面模块提供数据，同时可以接收并保存用户界面模块产生的数据。

网络通信模块主要负责同服务器端进行数据交换实现聊天功能。

11.1.3　系统流程图

根据总体分析结果及功能模块框图梳理出系统启动的主要流程，如图 11-2 所示。

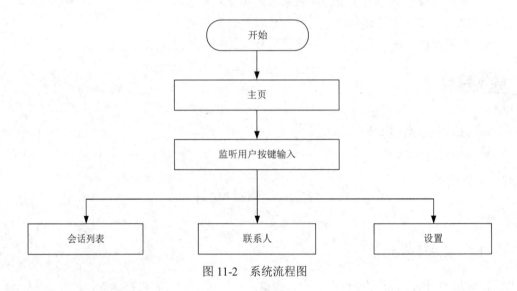

图 11-2　系统流程图

11.1.4　界面设计

本应用是 IM 即时通信应用，主要实现好友聊天功能。

根据程序功能需求可以规划出软件的主界面，如图 11-3 所示。

- 会话：显示最近会话列表，显示未读消息数。
- 联系人：好友列表及添加删除好友。
- 设置：编辑个人信息，退出登录。

图 11-3 系统主界面

从图 11-3 可以很直观地看到，主界面包含会话、联系人和设置 3 个功能。

11.2 详细设计

11.2.1 模块描述

在系统整体分析及界面布局设计完成后，主要工作就转入对各个功能模块的详细设计阶段。

1. 基础架构模块详细设计

基础架构模块主要提供程序架构、所有公用基类、所有公用的方法，包括自定义风格对话框、自定义提示框等功能。

基础架构模块的功能图如图 11-4 所示。

2. 用户界面模块详细设计

用户界面模块的主要任务是显示会话、联系人、设置页及实现与用户的交互，即当用户点击按键或屏幕的时候监听器会调用相应的处理方法或其他处理模块。

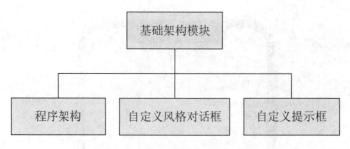

图 11-4 基础功能模块的功能图

本模块包括会话、联系人和设置等功能，功能图如图 11-5 所示。

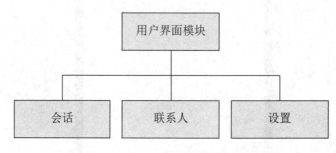

图 11-5 用户界面模块的功能图

3. 数据管理与控制模块详细设计

数据管理与控制模块主要提供数据获取、数据解析、数据组织、数据缓存等功能。

数据管理与控制模块和用户界面模块可以调用基础架构模块的一些通用方法，数据管理与控制模块为用户界面模块提供数据，同时可以接收并保存用户界面模块产生的数据。

数据管理与控制模块的功能图如图 11-6 所示。

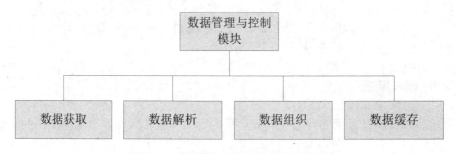

图 11-6 数据管理与控制模块的功能图

4. 网络通信模块详细设计

网络通信模块根据用户界面的需求调用访问服务器，接收服务器返回的数据并解析，同时显示到用户界面中。

本模块包括发送网络请求、接收网络应答、网络数据解析等功能。

网络通信模块的功能图如图 11-7 所示。

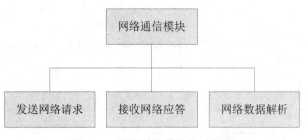

图 11-7　网络通信模块的功能图

11.2.2　源文件组及其资源规划

1．文件结构

在系统各个模块的实现方式和流程设计完成后，即可对系统主要的组和资源进行规划，划分的原则主要是保持各个组相互独立，耦合度尽量低。

根据系统功能设计，本系统封装一部分基础的 UIViewController 类，加载各个子页的通用控件，并提供一些基础的实现方法，例如设置进度条、标题等常用方法，程序中的 UIViewController 都可继承此基类，继承了此基类即可直接使用基类中封装的基础方法。

系统使用 5 个 UIViewController：一个 UIViewController 用于注册，一个 UIViewController 用于登录，一个 UIViewController 用于主页界面显示，一个 UIViewController 用于对话，一个 UIViewController 用于个人信息编辑。组及资源结构如图 11-8 所示。

图 11-8　组及资源结构

2．组

示例设置了多个组，分别用来保存 ViewController、Cell 以及 Socket 相关的源代码文件。组说明见表 11-1。

表 11-1　组说明

组名	说明
view	存放界面元素相关的源代码文件
VC	存放界面控制器相关的源代码文件
CocoaAsyncSocket	存放 Socket 通信相关的源代码文件
Control	存放自定义控件源代码文件和资源文件

3．源代码文件

源代码文件见表 11-2。

表 11-2　源代码文件

组名称	文件名	说明
view	contactTableViewCell	联系人列表 Cell
	infoTableViewCell	消息列表 Cell
	myChatCell	对话列表 Cell
VC	ChatTableViewController	聊天界面控制器
	configViewController	设置界面控制器
	LoginViewController	登录界面控制器
	FirstViewController	最新消息界面控制器
	SecondViewController	联系人界面控制器
Control	CUImageBean	照片信息类
	CUImageManager	照片库操作类
	CUSelectImageImageView	单个图片显示界面
	CUSelectImageTableViewCell	单行图片显示界面
	CUSelectImageView	照片显示界面
	SelfCameraViewController	自定义相机界面
	GetPhotoViewController	自定义照片选择界面
CocoaAsyncSocket	GCDAsyncUdpSocket	UdpSocket 工具类
	GCDAsyncSocket	Socket 工具类

4．资源文件

资源文件保存在项目根目录下的几个文件中。

● Main.storyboard：程序总体布局和页面跳转逻辑文件。

● LaunchScreen.storyboard：程序启动界面布局文件。

● Assets.xcassets：程序图片资源文件。

● Info.plist：程序配置文件。

资源文件列表见表 11-3。

表 11-3　资源文件列表

资源目录	文件	说明
Assets.xcassets	Appicon	程序图标
	config	设置页图标
	defaultUserImage	联系人默认图标
	inputBackgroud	输入框背景
	receiver	聊天界面接收消息气泡
	sender	聊天界面发送消息气泡
Control	cancelPic	相机界面取消按钮图片
	choosePic	相机界面选择按钮图片
	photograph	相机界面拍照按钮图片

11.2.3　主要方法流程设计

IM 聊天流程图如图 11-9 所示。

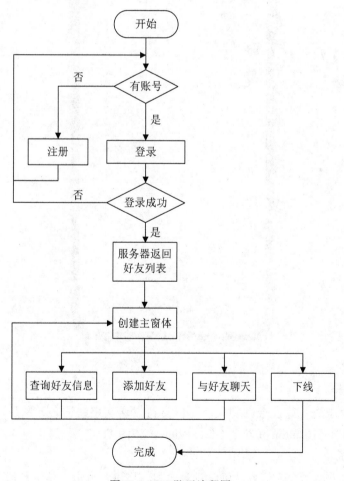

图 11-9　IM 聊天流程图

11.3　代码实现

11.3.1　显示界面布局

1．系统主界面

系统主界面是系统进入后显示的界面，其中包括 3 个 UITableView，如图 11-10 所示。

图 11-10　系统主界面

2．会话界面

会话界面用于进行好友会话聊天，可以支持发送文字、语音、图片，其中包括一个 UITableView、5 个 UIButton 和一个 UITextView，如图 11-11 所示。

3．设置界面

设置界面用于展示个人信息，可以对头像和昵称进行编辑，其中包括两个 UIButton、两个 UIImageView 和 7 个 UILabel，如图 11-12 所示。

图 11-11 会话界面

图 11-12 个人信息界面

11.3.2 控件设计实现

1. 自定义拍照界面

通常我们使用的拍照界面都是系统提供的 UIImagePickerController，它使用非常方便，但拍照界面上的控件和布局都是不能修改的，如果想使用自己的布局则需要使用更底层的 SDK 来实现。

```
//创建相机
- (void)myCamera{
    self.view.backgroundColor = [UIColor whiteColor];
    //初始化拍照设备，默认使用后置摄像头进行初始化
    self.device = [AVCaptureDevice defaultDeviceWithMediaType:AVMediaTypeVideo];
    //初始化输入对象
    self.input = [[AVCaptureDeviceInput alloc] initWithDevice:self.device error:nil];
    //初始化输出对象
    self.output = [[AVCaptureMetadataOutput alloc] init];
    self.ImageOutPut = [[AVCaptureStillImageOutput alloc] init];
    //生成会话
    self.session = [[AVCaptureSession alloc] init];
    if ([self.session canSetSessionPreset:AVCaptureSessionPreset1280x720]) {
```

```
            self.session.sessionPreset = AVCaptureSessionPreset1280x720;

    }
    if ([self.session canAddInput:self.input]) {
        [self.session addInput:self.input];
    }

    if ([self.session canAddOutput:self.ImageOutPut]) {
        [self.session addOutput:self.ImageOutPut];
    }
    //初始化预览层
    self.previewLayer = [[AVCaptureVideoPreviewLayer alloc]initWithSession:self.session];
    self.previewLayer.frame = CGRectMake(0, 0, kScreenWidth, kScreenHeight);
    self.previewLayer.videoGravity = AVLayerVideoGravityResizeAspectFill;
    [self.view.layer addSublayer:self.previewLayer];
    //开始启动
    [self.session startRunning];
    if ([_device lockForConfiguration:nil]) {
        //设置闪光灯模式
        if ([_device isFlashModeSupported:AVCaptureFlashModeAuto]) {
            [_device setFlashMode:AVCaptureFlashModeAuto];
        }
        //自动白平衡
        if([_device isWhiteBalanceModeSupported:AVCaptureWhiteBalanceModeAutoWhiteBalance]){
            [_device setWhiteBalanceMode:AVCaptureWhiteBalanceModeAutoWhiteBalance];
        }
        [_device unlockForConfiguration];
    }
}
//自定义相机 UI
- (void)customUI{
    _isShutted = NO;
    //添加拍照按钮
    _photoButton = [UIButton buttonWithType:UIButtonTypeCustom];
    _ photoButton.frame = CGRectMake(kScreenWidth*1/2.0-30, kScreenHeight-100, 60, 60);
    [_photoButton setImage:[UIImage imageNamed:@"拍照按钮"] forState: UIControlStateNormal];
    [_photoButton addTarget:self action:@selector(shutterCamera) forControlEvents:
    UIControlEventTouchUpInside];
    [self.view addSubview:_PhotoButton];
    //添加取消按钮
    UIButton *caButton = [UIButton buttonWithType:UIButtonTypeCustom];
    caButton.frame = CGRectMake(kScreenWidth*1/4.0-25, kScreenHeight-95, 50, 50);
    [caButton setBackgroundImage:[UIImage imageNamed:@"取消按钮"]
    forState:UIControlStateNormal];
    [caButton addTarget:self action:@selector(cancle) forControlEvents:UIControlEventTouchUpInside];
    _cancelButton = caButton;
    [self.view addSubview:_cancelButton];
```

```
//添加确定选择按钮
UIButton *chButton = [UIButton buttonWithType:UIButtonTypeCustom];
chButton.frame = CGRectMake(kScreenWidth*3/4.0-25, kScreenHeight-95, 50, 50);
[chButton setBackgroundImage:[UIImage imageNamed:@""] forState:UIControlStateNormal];
[chButton addTarget:self action:@selector(choose) forControlEvents:UIControlEventTouchUpInside];
_chooseButton = chButton;
_chooseButton.hidden = YES;
[self.view addSubview:_chooseButton];
//添加切换前后摄像头按钮
UIButton *rButton = [UIButton buttonWithType:UIButtonTypeCustom];
rButton.frame = CGRectMake(kScreenWidth-60, STATUS_HEIGHT, 50, 40);
[rButton setTitle:@"切换摄像头" forState:UIControlStateNormal];
rButton.titleLabel.textAlignment = NSTextAlignmentCenter;
[rButton addTarget:self action:@selector(changeCamera) forControlEvents:
UIControlEventTouchUpInside];
_changeButton = rButton;
[self.view addSubview:_changeButton];
//添加切换闪光灯模式按钮
_flashBtn = [UIButton buttonWithType:UIButtonTypeCustom];
_flashBtn.frame = CGRectMake(kScreenWidth-80, kScreenHeight-100, 80, 60);
//默认为关闭状态
[_flashBtn setTitle:@"闪光灯关" forState:UIControlStateNormal];
[_flashBtn addTarget:self action:@selector(changeFlash) forControlEvents:
UIControlEventTouchUpInside];
[self.view addSubview:_flashButton];
//添加聚焦提示框
_focusView = [[UIView alloc]initWithFrame:CGRectMake(0, 0, 80, 80)];
_focusView.layer.borderWidth = 1.0;
_focusView.layer.borderColor =[UIColor greenColor].CGColor;
_focusView.backgroundColor = [UIColor clearColor];
[self.view addSubview:_focusView];
//默认不显示
_focusView.hidden = YES;
//设置整屏点击事件
UITapGestureRecognizer *tap = [[UITapGestureRecognizer alloc] initWithTarget:self
action:@selector(onFocus:)];
[self.view addGestureRecognizer:tap];
}
//闪光灯模式切换函数
- (void) changeFlash {
    if ([_device lockForConfiguration:nil]) {
        if (_isflashOn) {
            if ([_device isFlashModeSupported:AVCaptureFlashModeOff]) {
                [_device setFlashMode:AVCaptureFlashModeOff];
                _isflashOn = NO;
                [_flashButton setTitle:@"闪光灯关" forState:UIControlStateNormal];
```

```
                    }
                }else{
                    if ([_device isFlashModeSupported:AVCaptureFlashModeOn]) {
                        [_device setFlashMode:AVCaptureFlashModeOn];
                        _isflashOn = YES;
                        [_flashButton setTitle:@"闪光灯开" forState:UIControlStateNormal];
                    }
                }
                [_device unlockForConfiguration];
            }
        }
//切换摄像头
- (void)changeCamera{
    NSUInteger cameraCount = [[AVCaptureDevice devicesWithMediaType:AVMediaTypeVideo] count];
    if (cameraCount > 1) {
        NSError *error;
        AVCaptureDevice *newCamera = nil;
        AVCaptureDeviceInput *newInput = nil;
        AVCaptureDevicePosition position = [[_input device] position];
        if (position == AVCaptureDevicePositionFront){
            newCamera = [self cameraWithPosition:AVCaptureDevicePositionBack];
        }
        else {
            newCamera = [self cameraWithPosition:AVCaptureDevicePositionFront];
        }
        newInput = [AVCaptureDeviceInput deviceInputWithDevice:newCamera error:nil];
        if (newInput) {
            [self.session beginConfiguration];
            [self.session removeInput:_input];
            if ([self.session canAddInput:newInput]) {
                [self.session addInput:newInput];
                self.input = newInput;
            } else {
                [self.session addInput:self.input];
            }
            [self.session commitConfiguration];
        }
    }
}
//点击屏幕聚焦
- (void) onFocus:(UITapGestureRecognizer*)gesture{
CGPoint point = [gesture locationInView:gesture.view];
CGSize size = self.view.bounds.size;
CGPoint focusPoint = CGPointMake(point.y /size.height,1-point.x/size.width);
NSError *error;
    if ([self.device lockForConfiguration:&error]) {
```

```objc
//设置设备聚焦
if ([self.device isFocusModeSupported:AVCaptureFocusModeAutoFocus]) {
    [self.device setFocusPointOfInterest:focusPoint];
    [self.device setFocusMode:AVCaptureFocusModeAutoFocus];
}
if ([self.device isExposureModeSupported:AVCaptureExposureModeAutoExpose ]) {
    [self.device setExposurePointOfInterest:focusPoint];
    [self.device setExposureMode:AVCaptureExposureModeAutoExpose];
}
[self.device unlockForConfiguration];
//设置聚焦提示框
_focusView.center = point;
_focusView.hidden = NO;
[UIView animateWithDuration:0.5 animations:^{
    _focusView.transform = CGAffineTransformMakeScale(1.25, 1.25);
}completion:^(BOOL finished) {
    [UIView animateWithDuration:0.5 animations:^{
        _focusView.transform = CGAffineTransformIdentity;
    } completion:^(BOOL finished) {
        _focusView.hidden = YES;
    }];
}];
}
}


//检查相机权限
- (BOOL)canUserCamear{
    AVAuthorizationStatus authStatus = [AVCaptureDevice authorizationStatusForMediaType:
AVMediaTypeVideo];
    if (authStatus == AVAuthorizationStatusDenied) {
        UIAlertView *alertView = [[UIAlertView alloc]initWithTitle:@"请打开相机权限" message:
        @"设置-隐私-相机" delegate:self cancelButtonTitle:@"确定" otherButtonTitles:@"取消", nil];
        alertView.tag = 100;
        [alertView show];
        return NO;
    }
    else{
        return YES;
    }
    return YES;
}

//保存至相册
- (void)saveImageToPhotoAlbum:(UIImage*)savedImage
{
    UIImageWriteToSavedPhotosAlbum(savedImage, self,
```

```
@selector(image:didFinishSavingWithError:contextInfo:), NULL);
}
//指定回调方法
- (void)image:(UIImage *)image didFinishSavingWithError:(NSError *)error contextInfo:(void *)
contextInfo

{
    NSString *msg = nil ;
    if(error != NULL){
        msg = @"保存图片失败" ;
    }else{
        msg = @"保存图片成功" ;
    }
}
```

2. 通讯录右侧快速滚动栏

通常情况下通讯录中会有比较多的信息，我们需要添加一个快速的索引，让用户可以很方便地定位到想要找的人。UITableView 提供了相应的代理函数可以方便地实现这个功能。索引相关代理函数如下：

```
// 索引栏标题
- (NSArray *)sectionIndexTitlesForTableView:(UITableView *)tableView
{
    //可以用所有字母来建立 Table 的索引，但大部分时候我们不这么做，因为列表中有可能
    //不存在某些字母开头的信息
    return [NSArray arrayWithObjects:@"A",@"B",@"C",@"D",@"E",@"F",@"G",@"H",@"I",
    @"J",@"K",@"L",@"M",@"N",@"O",@"P",@"Q",@"R",@"S",@"T",@"U",@"V",@"W",
    @"X",@"Y",@"Z",@"#", nil];
}

//点击索引栏标题时光标移动到相应的 Section
- (NSInteger)tableView:(UITableView *)tableView sectionForSectionIndexTitle:(NSString *)title
atIndex:(NSInteger)index
{
    return [[UILocalizedIndexedCollation currentCollation] sectionForSectionIndexTitleAtIndex:index];
}
```

只要实现了上面两个接口，系统就会为 UITableView 自动添加索引。那么接下来的工作就是获取通讯录中全部人员的姓名第一个字的首字母并把它们按照 A，B，C，…的字母顺序分别保存在一个数组里。最后让 UITableView 的每个 Section 显示一个数组的信息。iOS 系统提供了汉字转拼音的方法。

```
+ (NSString *)transform:(NSString *)chinese{
    //将 NSString 转换成 NSMutableString
    NSMutableString *pinyin = [chinese mutableCopy];
    //将汉字转换为拼音（带音标）
    CFStringTransform((__bridge CFMutableStringRef)pinyin, NULL, kCFStringTransformMandarinLatin,
    NO);
```

```
        //去掉拼音的音标
        CFStringTransform((__bridge CFMutableStringRef)pinyin, NULL,
        kCFStringTransformStripCombiningMarks, NO);
        return pinyin;
    }
```

3. 自定义照片选择控件

在会话界面有时候我们需要从相册中选择多张照片发送，这时就需要自定义一个能够一次选择多张照片的选择控件。实现这个控件需要用到系统提供的 AssetsLibrary 库。它提供了丰富的功能，使我们能够对系统相册进行操作。本例中主要用到以下几个功能：

（1）获取相册中所有的组。

```
-(void)requestAssetGroups
{
    dispatch_async(dispatch_get_main_queue(), ^{
        @autoreleasepool {
            //获取成功时执行
            void (^assetGroupEnumerator)(ALAssetsGroup *, BOOL *) = ^(ALAssetsGroup
            *group, BOOL *stop)
            {
                if (group == nil) {
                    return;
                }
                NSString *sGroupPropertyName = (NSString *)[group valueForProperty:
                ALAssetsGroupPropertyName];
                NSUInteger nType = [[group valueForProperty:ALAssetsGroupPropertyType]
                intValue];

                if ( ( [[sGroupPropertyName lowercaseString] isEqualToString:@"camera roll"] ||
                [sGroupPropertyName    isEqualToString:@"相机胶卷"] ||
                [sGroupPropertyName isEqualToString:@"所有照片"] ) && nType ==
                ALAssetsGroupSavedPhotos) {
                    [self.assetGroups insertObject:group atIndex:0];
                }
                else {
                    [self.assetGroups addObject:group];
                }
                if (_delegate && [_delegate respondsToSelector:
                @selector(requestAssetGroupsFinished:)])
                {
                    [_delegate requestAssetGroupsFinished:self.assetGroups];
                }
                //获取失败时执行
                void (^assetGroupEnumberatorFailure)(NSError *) = ^(NSError *error) {
                    if (_delegate && [_delegate respondsToSelector:@selector(noAuthority)])
                    {
                        [_delegate noAuthority];
```

```
                }
            };

            [library enumerateGroupsWithTypes:ALAssetsGroupAll
                               usingBlock:assetGroupEnumerator
                             failureBlock:assetGroupEnumeratorFailure];


        }
    });
}
```

（2）获取相册中的全部照片。

```
-(void)requestImage:(NSInteger)imageCount
{
    count = 0 ;
    imageArray=[[NSArray alloc] init];
    mutableArray =[[NSMutableArray alloc]init];
    NSMutableArray *assetGroups = [[NSMutableArray alloc] init];
    //成功时执行
    void (^ assetGroupEnumerator) ( ALAssetsGroup *, BOOL *)= ^(ALAssetsGroup *group,
    BOOL *stop) {

        if(group != nil)
        {
            stop = TRUE ;
            currentGroupName = [group valueForProperty:ALAssetsGroupPropertyName];
            NSString *groupNN = currentGroupName = [group valueForProperty:
            ALAssetsGroupPropertyName];
            NSUInteger nType = [[group valueForProperty:ALAssetsGroupPropertyType] intValue];
            if ( nType == ALAssetsGroupSavedPhotos)
            {
                count=[group numberOfAssets];
                [group enumerateAssetsUsingBlock:^( ALAsset *result, NSUInteger index,
                BOOL *stop) {
                    if(result != nil) {
                        UIImage *image =   [UIImage imageWithCGImage: [result thumbnail]];
                        NSString * nsALAssetPropertyURLs = [[[result defaultRepresentation]
                        url] absoluteString];
                        NSDate *date = [result valueForProperty:ALAssetPropertyDate];
                        CUImageBean *imageBean = [[CUImageBean alloc] init];
                        imageBean.thumbnail = image;
                        imageBean.urlString = nsALAssetPropertyURLs;
                        imageBean.createDate = date;
                        imageBean.asset = result;
                        imageBean.albumName = groupNN;
                        imageBean.size = [[result defaultRepresentation] dimensions];
                        [mutableArray addObject:imageBean];
```

```objc
if ([mutableArray count]==count) {
                    if (imageCount==0) {
                        [self orderImageWithCount:imageCount];
                            if (_delegate && [_delegate respondsToSelector:
                            @selector(requestAllPicturesFinished:)])
                                {
                                    [_delegate requestAllPicturesFinished:mutableArray];
                                }
                        }
                    else
                    {
                        [self orderImageWithCount:imageCount];
                        if (_delegate && [_delegate respondsToSelector:
                        @selector(requestNewestPicturesWithCountFinished:)])
                        {
                            [_delegate requestNewestPicturesWithCountFinished:
                            mutableArray];
                        }
                    }
                }
            }
        }
    }];
    }
    }
};
//失败时执行
ALAssetsLibraryAccessFailureBlock failureblock = ^(NSError *myerror){ if ([myerror.
    localizedDescription rangeOfString:@"User denied access"].location!=NSNotFound) {
        if (_delegate && [_delegate respondsToSelector:@selector(noAuthority)])
        {
            //没有相机权限
            [_delegate noAuthority];
        }

    }else{
        NSLog(@"相册访问失败。");
    }
};
[library enumerateGroupsWithTypes:ALAssetsGroupAll
                usingBlock:assetGroupEnumerator
                failureBlock:failureblock];
}
```

（3）获取指定组中的照片。

```objc
-(void)requestGroupImage:(ALAssetsGroup *)group :(NSInteger)imageCount
{
    currentGroupName = [group valueForProperty:ALAssetsGroupPropertyName];
    mutableArray = [[NSMutableArray alloc] init];

    @autoreleasepool {

        [group enumerateAssetsUsingBlock:^(ALAsset *result, NSUInteger index, BOOL *stop) {

            if (result == nil) {

                if (imageCount==0) {
                    [self orderImageWithCount:imageCount];

                    if (_delegate && [_delegate respondsToSelector:
                    @selector(requestPicturesByAssetGroupsFinished:inGroup:)])
                    {
                        [_delegate requestPicturesByAssetGroupsFinished:
                        mutableArray inGroup:group];
                    }
                    return;
                }
                else
                {
                    [self orderImageWithCount:imageCount];

                    if (_delegate && [_delegate respondsToSelector:@selector
                     (requestNewestPicturesWithCountByAssetGroupsFinished:inGroup:)])
                    {
                        [_delegate requestNewestPicturesWithCountByAssetGroupsFinished:
                        mutableArray inGroup:group];
                    }
                    return;
                }
            }

            UIImage *image = [UIImage imageWithCGImage: [result thumbnail]];
            NSString * nsALAssetPropertyURLs = [[[result defaultRepresentation] url]
            absoluteString];
            NSDate *date = [result valueForProperty:ALAssetPropertyDate];
            CUImageBean *imageBean = [[CUImageBean alloc] init];
            imageBean.thumbnail = image;
            imageBean.urlString = nsALAssetPropertyURLs;
            imageBean.createDate = date;
            imageBean.asset = result;
```

```
        imageBean.albumName = currentGroupName;
        imageBean.size = [[result defaultRepresentation] dimensions];
        //imageBean.representation = [result defaultRepresentation];
        [mutableArray addObject:imageBean];


    }];
    }
}
```

通过以上函数即可将照片库中的照片获取出来，接下来只要按照我们想要的方式将其展现在界面中即可。本例使用了 CUSelectImageImageView、CUSelectImageTableViewCell 和 CUSelectImageView 三个类进行照片的展示。这三个类从小到大依次对一张图片、一行图片和一页图片的展示和操作进行了封装。

在 CUSelectImageImageView 中除了摆放一张照片外，还对点击事件进行了获取，另外还处理了该图片的显示状态。

```
//点击事件
- (void)tap:(UITapGestureRecognizer*) gesture
{
    CGPoint point = [gesture locationInView:self];
    CGRect rect = self.bounds;
    BOOL isHide = NO;
    if ([delegate respondsToSelector:@selector(isHideSelectDot)] && [delegate isHideSelectDot]) {
        isHide = YES;
    }

    if (point.x > rect.size.width*2/3 && point.y < rect.size.height/3 && !isHide) {
        imageInfo.bSelect = !imageInfo.bSelect;
        [self showSelected];
        if ( [delegate respondsToSelector:@selector(imageSelected:)] ) {
            [delegate imageSelected:imageInfo];
        }
        if ( [delegate respondsToSelector:@selector(selectedChange)] ) {
            [delegate selectedChange];
        }
    }
    else {
        NSLog(@"浏览");
        if ( [delegate respondsToSelector:@selector(preView:)] ) {
            [delegate preView:imageInfo];
        }
    }
}
//处理图片选中状态
- (void)showSelected {

    if ( [delegate respondsToSelector:@selector(isHideSelectDot)] && [delegate isHideSelectDot] )
```

```
            {
                [checkedView setHidden:YES];
            }
            else {
                [checkedView setHidden:NO];
                if ( imageInfo.bSelect ) {
                    checkedView.backgroundColor = [UIColor colorWithRed:36/255.0 green:174/255.0
                    blue:255/255.0 alpha:1];
                    if ( imageInfo.selectedOrder == 0 ) {
                        checkedOrder.text = @"";
                    }
                    else {
                        checkedOrder.text = [NSString stringWithFormat:@"%lu", imageInfo.selectedOrder];
                    }
                }
                else {
                    checkedView.backgroundColor = [UIColor grayColor];
                    checkedOrder.text = @"";
                }
            }
        }
    }
```

在 CUSelectImageView 中除了显示照片的功能外，还对外提供了一些对照片进行选择、获取已选择照片等功能。当照片选择状态改变时，也会调用其代理来进行相应的处理。

```
//选择最新的几张照片
- (void)selectFirstImage:(int)number {
    NSInteger count = [allImages count];
    for ( int i = 0; i < count; i++ ) {
        CUImageBean *imageInfo = [allImages objectAtIndex:i];
        if ( number > i ) {
            imageInfo.bSelect = YES;
        }
        else {
            imageInfo.bSelect = NO;
        }

        [allImages replaceObjectAtIndex:i withObject:imageInfo];
    }
    [imageTable reloadData];
}
//取消选择
- (void)deselectAll {
    NSInteger count = [allImages count];

    for ( int i = 0; i < count; i++ ) {
        CUImageBean *imageInfo = [allImages objectAtIndex:i];
        imageInfo.bSelect = NO;
```

```
            [allImages replaceObjectAtIndex:i withObject:imageInfo];
        }
        [imageTable reloadData];
}
//获取选择照片张数
- (int)getSelectedNumber {
    NSInteger count = [allImages count];
    int number = 0;
    for ( int i = 0; i < count; i++ ) {
        CUImageBean *imageInfo = [allImages objectAtIndex:i];
        if ( imageInfo.bSelect ) {
            number++;
        }
    }
    return number;
}
//获取已选择的照片
- (NSArray*)getSelectedImages {
    NSInteger count = [allImages count];
    NSMutableArray *retArr = [NSMutableArray array];
    for ( int i = 0; i < count; i++ ) {
        CUImageBean *imageInfo = [allImages objectAtIndex:i];
        if ( imageInfo.bSelect ) {
            [retArr addObject:imageInfo];
        }
    }

    NSArray *resultArray = [retArr sortedArrayUsingComparator:^NSComparisonResult(id obj1, id
obj2) {

        if ( ((CUImageBean *)obj1).selectedOrder > ((CUImageBean *)obj2).selectedOrder ) {
            return    NSOrderedDescending;
        }
        else {
            return    NSOrderedAscending;
        }
    }];

    return resultArray;
}
//照片选择状态改变
- (void)selectedChange {
    int number = [self getSelectedNumber];
    self.selectedNum = number;
    if ( [delegate respondsToSelector:@selector(selectView:selected:)] ) {
        [delegate selectView:self selected:number];
```

```
            }
            [imageTable reloadData];
            if ( [tipView superview] ) {
                [tipView removeFromSuperview];
                //tipView.hidden = YES;
                hidTipView = YES;
            }
        }
//某张照片选择状态改变
- (void)imageSelected:(CUImageBean*)imageInfo {
    if ( [delegate respondsToSelector:@selector(selectView:selectImage:)] ) {
        [delegate selectView:self selectImage:imageInfo];
    }
}
//设置页面中显示的照片信息
- (void)setImageInfo :(NSMutableArray*)arr {
    self.allImages = arr;
    selectedNum = 0;
    for ( int i = 0; i < [arr count]; i++ ) {
        CUImageBean *imageInfo = [allImages objectAtIndex:i];
        if ( imageInfo.bSelect ) {
            selectedNum++;
        }
    }
    if ( !hidTipView ) {
        [self showTip];
    }
    if ( selectedNum > 0 ) {
        [tipView removeFromSuperview];
        hidTipView = YES;
    }
    [imageTable reloadData];
}
//向页面中添加照片
- (void)addImageInfo :(NSMutableArray*)arr {
    [allImages addObjectsFromArray:arr];
    if ( !hidTipView ) {
        [self showTip];
    }
    [imageTable reloadData];
}
```

11.3.3 发送接收消息

```
//发送消息
-(IBAction)sendMsg:(id)sender
{
```

```objectivec
    NSString *send_msg = self.messageInputTextField.text;

    if( nil != send_msg && isConnected )
    {
        if (isConnected)
        {
            NSLog(@"send msg");
            self.messageInputTextField.text = @"";
            NSString *reqBody = @"{\"type\":\"chat\",\"user\":\"%@\", \"msg\":\"%@\",
\"toFriend\":\"%@\"}";
            reqBody = [NSString stringWithFormat:reqBody, myID,send_msg,_friendName];
            [self.socket writeData:[reqBody dataUsingEncoding:NSUTF8StringEncoding]
withTimeout:-1 tag:0];

            [infoArr addObject:send_msg];
            NSDateFormatter *format = [[NSDateFormatter alloc] init];
            [format setDateFormat:@"yyyy-MM-dd HH:mm:ss"];

            UIImage *photo = [UIImage imageNamed:myPhotoName];
            if(nil == photo)
            {
                photo = [UIImage imageNamed:@"defaultUserImage"];
            }


            NSString *timeStr = [format stringFromDate:[NSDate date]];
            NSString *userID = myID;
            NSString *userName = myName;

            [self simTalkWithUserName:userName userID:userID photo:photo timeStr:timeStr];

            [self.weChatTable reloadData];
            [self.weChatTable scrollToRowAtIndexPath:[NSIndexPath indexPathForRow:
talkDic.count-1 inSection:0] atScrollPosition:UITableViewScrollPositionBottom
animated:YES];

        }

    }

}
/// Socket 传递数据
-(void)queryMessageWithUser:(NSString *)userName
{
    int linkNum = 0;
    NSError *error = nil;
```

```objc
        // while (error.code > 0 && linkNum < 2 ) {
            [self.socket connectToHost:serverIP onPort:serverPort error:&error];
            linkNum++;
            // sleep(1000);
        }
}


- (void)socket:(GCDAsyncSocket*)sock didConnectToHost:(NSString*)host port:(UInt16)port
{
    NSLog(@"connect OK");
    isConnected = YES;
}


- (void)socket:(GCDAsyncSocket*)sock didWriteDataWithTag:(long)tag
{
    [self.socket readDataWithTimeout:-1 tag:0];
}


- (void)socket:(GCDAsyncSocket*)sock didReadData:(NSData*)data withTag:(long)tag
{
    NSString *readData = [[NSString alloc] initWithData:data encoding:NSUTF8StringEncoding];

    NSLog( @"%@",readData );
    [infoArr addObject:readData];
    NSDateFormatter *format = [[NSDateFormatter alloc] init];
    [format setDateFormat:@"yyyy-MM-dd HH:mm:ss"];

    NSDate *chatDate = [format dateFromString:self.lastChatTime];
    UIImage *photo = [UIImage imageNamed:self.photoName];
    if(nil == photo)
    {
        photo = [UIImage imageNamed:@"defaultUserImage"];
    }

    NSString *timeStr = [format stringFromDate:chatDate];
    NSString *userID = self.friendId;
    NSString *userName = self.friendName;

    [self simTalkWithUserName:userName userID:userID photo:photo timeStr:timeStr];

    [self.weChatTable reloadData];
    [self.weChatTable scrollToRowAtIndexPath:[NSIndexPath indexPathForRow:talkDic.count-1
    inSection:0] atScrollPosition:UITableViewScrollPositionBottom animated:YES];


}
```

```objc
-(void)socketDidDisconnect:(GCDAsyncSocket *)sock withError:(NSError *)err
{
    NSLog(@"disConnected");
}
//计算聊天信息的高度，用来制作动态行高的聊天信息列表
-(CGSize)adaptiveTextHeight:(NSString *)showString showWidth:(float)widthMax fontsize:(float)size
{
    CGSize ret;
    NSDictionary *attribus = [NSDictionary dictionaryWithObjectsAndKeys:[UIFont
    systemFontOfSize:size],NSFontAttributeName, nil];

    CGRect bounds = [showString boundingRectWithSize:CGSizeMake(widthMax, 99999)
    options:NSStringDrawingUsesLineFragmentOrigin attributes:attribus context:nil];

    ret = bounds.size;
    return ret;
}
//响应键盘弹出/消失消息，改变 UI 布局
-(void)keyboardWillChangeFrame:(NSNotification *)notification
{
    //取出键盘最终的 frame
    CGRect rect = [notification.userInfo[UIKeyboardFrameEndUserInfoKey] CGRectValue];
    //修改约束
    CGFloat height = rect.size.height;

    if( self.messageInputView.frame.origin.y > rect.origin.y)
        self.chat_topConstraint.constant = -height + self.view.safeAreaInsets.bottom;
    else{
        self.chat_topConstraint.constant = 0;
    }

    NSDictionary *info = [notification userInfo];
    NSTimeInterval animationDuration = [[info objectForKey:
    UIKeyboardAnimationDurationUserInfoKey] doubleValue];

    [UIView animateWithDuration:animationDuration animations:^{
        [self.view layoutIfNeeded];
        NSIndexPath *index = [NSIndexPath indexPathForRow:[self.weChatTable
        numberOfRowsInSection:0] -1    inSection:0];
        [self.weChatTable scrollToRowAtIndexPath:index atScrollPosition:
        UITableViewScrollPositionBottom animated:YES];

    }];
}
//textField：delegate 实现，回车关闭键盘
```

```
- (BOOL)textFieldShouldReturn:(UITextField *)textField
{
    [textField resignFirstResponder];
    [self sendMsg:nil];
    return YES;
}
```

11.4 关键知识点解析

11.4.1 Socket 定义

Socket 即套接字，是一个对 TCP/IP 协议进行封装的编程调用接口（API）。

通过 Socket，我们才能使用 TCP/IP 协议进行开发。Socket 不是一种协议，而是一个编程调用接口，属于传输层（主要解决数据如何在网络中传输）。

Socket 都是成对出现，是一对套接字：

Socket ={(IP 地址 1:PORT 端口号),(IP 地址 2:PORT 端口号)}

Socket 的使用类型主要有以下两种：

- 流套接字（streamsocket）：基于 TCP 协议，采用流的方式提供可靠的字节流服务。
- 数据报套接字(datagramsocket)：基于 UDP 协议，采用数据报文提供数据打包发送的服务。

11.4.2 Socket 与 HTTP 对比

Socket 属于传输层，因为 TCP/IP 协议属于传输层，解决的是数据如何在网络中传输的问题。

HTTP 协议属于应用层，解决的是如何包装数据的问题。

由于二者不属于同一层面，所以本来是没有可比性的。但随着发展，默认的 HTTP 里封装了下面几层的使用，所以才会出现 Socket 和 HTTP 协议的对比（主要是工作方式的不同）：

- HTTP：采用请求−响应方式。即建立网络连接后，当客户端向服务器发送请求后，服务器端才能向客户端返回数据。可理解为：是客户端有需要才进行通信。
- Socket：采用服务器主动发送数据的方式。即建立网络连接后，服务器可主动发送消息给客户端，而不需要由客户端向服务器发送请求，可理解为：是服务器端有需要才进行通信。

11.4.3 使用 Socket 通信

iOS 提供的 Scoket 编程的接口是 CFSocket，在 CFNetwork.framework 中可以找到它。下面就来简单了解一下使用 CFSocket 进行 Socket 通信的基本方法。

```objc
//创建 Socket 连接
- (void)connectServer:(id)sender {
    CFSocketContext sockContext = {0, (__bridge void *)(self), NULL, NULL, NULL};
    //创建一个 Socket
    _socketRef = CFSocketCreate(kCFAllocatorDefault, PF_INET, SOCK_STREAM,
    IPPROTO_TCF, kCFSocketConnectCallBack, SocketConnectCallBack, &sockContext);
    struct sockaddr_in Socketaddr;
    memset(&Socketaddr, 0, sizeof(Socketaddr));
    Socketaddr.sin_len = sizeof(Socketaddr);
    Socketaddr.sin_family = AF_INET;
    Socketaddr.sin_port = htons(TEST_IP_PROT);
    Socketaddr.sin_addr.s_addr = inet_addr(TEST_IP_ADDR);
    CFDataRef dataRef = CFDataCreate(kCFAllocatorDefault, (UInt8 *)&Socketaddr, sizeof(Socketaddr));
    CFSocketConnectToAddress(_socketRef, dataRef, -1);
    CFRunLoopRef runloopRef = CFRunLoopGetCurrent();
    CFRunLoopSourceRef sourceRef = CFSocketCreateRunLoopSource(kCFAllocatorDefault,
    _socketRef, 0);
    CFRunLoopAddSource(runloopRef, sourceRef, kCFRunLoopCommonModes);
    CFRelease(sourceRef);
    }
}
//发送数据
- (void)sendData:(id)sender {
    NSString *stringTosend = @"待发送的数据";
    const char* data = [stringTosend UTF8String];
    long sendData = send(CFSocketGetNative(_socketRef), data, strlen(data) + 1, 0);
}
//接收数据
- (void)readData
{
    char buffer[512];
    long readData;
    while ((readData = recv(CFSocketGetNative(_socketRef), buffer, sizeof(buffer), 0))) {
        NSString *content = [[NSString alloc] initWithBytes:buffer length:readData
        encoding:NSUTF8StringEncoding];
        NSLog(@"接收的数据");
    }
}
//Socket 连接状态回调函数
void SocketConnectCallBack (CFSocketRef s, CFSocketCallBackType callbackType, CFDataRef
address, const void *data, void *info)
{
    if (data != NULL)
    {
        //连接失败处理
    }
```

```
        else
        {
            //连接成功处理
        }
    }
```

11.5 问题与讨论

1. Socket 通信是否需要放在工作线程中？
2. 如何解决手机锁屏 Socket 长连接挂起问题？
3. 如何进行客户端、服务端都判断是否存活？
4. 如何解决 Socket 自动拆包问题？

项目 12　易行打车

项目导读

　　一款仿作互联网打车的软件，其中涉及模块技术、多线程、手机定位、百度地图、路径检索、意见反馈、模拟登录等功能。

　　项目需求描述如下：

1. 模拟用户注册和登录模块。
2. 打车模块，选择始发地、目的地、是否拼车进行打车呼叫。
3. 百度地图模块，显示地图、定位、路线查找和地图标注。
4. 意见反馈模块，填写反馈信息进行提交。

教学目标

- 学习百度地图集成方法。
- 学习百度地图的定位。
- 学习百度地图的路径检索。
- 学习百度地图的标注。

12.1　总体设计

12.1.1　总体分析

　　通过百度地图实现打车功能，包括打车、查看打车记录、在线模拟结单和模拟评价等功能。

12.1.2　功能模块框图

　　根据总体分析结果可以总结出功能模块框图，如图 12-1 所示。

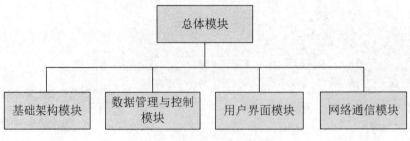

图 12-1　功能模块框图

总体模块的主要作用是生成应用程序的主类，控制应用程序的生命周期。

基础架构模块主要提供程序架构、改写百度基础地图类公用的父类、改写百度地图搜索类公用的方法，包括自定义风格对话框、自定义提示框等功能。

数据管理与控制模块主要提供数据获取、数据解析、数据读写、数据组织、数据缓存等功能。

用户界面模块包括登录、打车、历史记录、设置、操作提示等功能。

数据管理与控制模块和用户界面模块可以调用基础架构模块的一些通用方法，数据管理与控制模块为用户界面模块提供数据，同时可以接收并保存用户界面模块产生的数据。

网络通信模块主要负责从服务器端获取路线搜索信息，数据通过百度提供的路线查询接口获取，关于百度数据接口请参考百度网站上的说明文档。

百度的地图 API 已经提供了非常强大的功能和简便的使用方法，但是在实际使用中，还是需要根据项目的具体需求进行一些调整，包括对百度地图基础库中一些类的简单修改。

在学习百度地图 API 过程中，需要大家仔细阅读百度 API 的相应文档和源代码，对于初学者这是一个很好的学习过程。

12.1.3　系统流程图

根据总体分析结果及功能模块框图梳理出系统启动的主要流程，如图 12-2 所示。

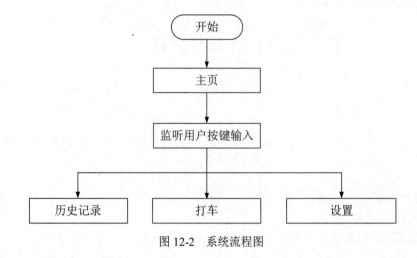

图 12-2　系统流程图

12.1.4　界面设计

本应用是打车应用，主要实现打车功能。

根据程序功能需求可以规划出软件的主界面，如图 12-3 所示。

● 　打车：显示地图、选择始发地、目的地和乘车人数。

● 　设置菜单：登录、注册、历史记录、设置、切换账号、退出。

图 12-3　系统主界面

从图 12-3 可以很直观地看到，主界面包含打车、订单列表和设置 3 个功能。

12.2　详 细 设 计

12.2.1　模块描述

在系统整体分析及界面布局设计完成后，主要工作就转入对各个功能模块的详细设计阶段。

1. 基础架构模块详细设计

基础架构模块主要提供程序架构、改写百度基础地图类公用的父类、改写百度地图搜索类公用的方法，包括自定义风格对话框、自定义提示框等功能。

基础架构模块的功能图如图 12-4 所示。

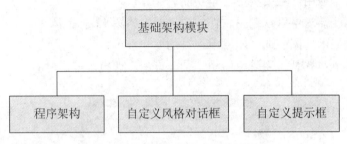

图 12-4 基础功能模块的功能图

2. 用户界面模块详细设计

用户界面模块的主要任务是打印内容填写及实现与用户的交互，即当用户点击按键或屏幕的时候系统会调用相应的处理办法或其他处理模块。

本模块包括打车、订单列表和设置等功能。

用户界面模块的功能图如图 12-5 所示。

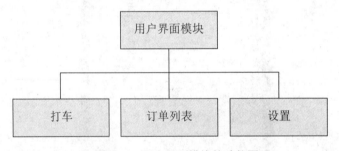

图 12-5 用户界面模块的功能图

3. 数据管理与控制模块详细设计

数据管理与控制模块主要提供数据获取、数据解析、数据组织、数据缓存等功能。

数据管理与控制模块和用户界面模块可以调用基础架构模块的一些通用方法，数据管理与控制模块为用户界面模块提供数据，同时可以接收并保存用户界面模块产生的数据。

数据管理与控制模块的功能图如图 12-6 所示。

图 12-6 数据管理与控制模块的功能图

4. 网络通信模块详细设计

网络通信模块根据用户界面的需求调用访问服务器，接收服务器返回的数据并解析，同时显示到用户界面中。

本模块包括发送网络请求、接收网络应答、网络数据解析等功能。

网络通信模块的功能图如图 12-7 所示。

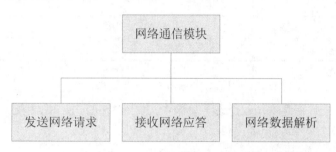

图 12-7　网络通信模块的功能图

12.2.2　源文件组及其资源规划

1. 文件结构

在系统各个模块的实现方式和流程设计完成后，即可对系统的主要框架/类和资源进行规划，划分的原则主要是保持各个框架/类相互独立，耦合度尽量低。

根据系统功能设计，本系统引用了百度地图 Demo 中的两个类：一个是 BMKSearchBasePage 类，是百度地图显示的基础类；另一个是 BMKDrivingRouteSearchPage 类，是前一个类的子类，也是本程序的主要功能实现。BMKDrivingRouteSearchPage 类继承了 BMKSearchBasePage 类，可直接使用基类中封装的基础方法。

系统使用 8 个 ViewController，1 个用于模拟登录，3 个用于打车，3 个用于订单列表，1 个用于设置。组及资源结构如图 12-8 所示。

2. 类定义

Demo 设置了多个类,用来处理各个 ViewController 的功能。类说明见表 12-1。

图 12-8　组及资源结构

表 12-1　类说明

类名	说明
LoginViewController	模拟登录功能
BMKDrivingRouteSearchPage	打车主功能类，包括定位、查找路线、预估费用等功能
BMKSearchBasePage	百度功能使用的基础类，包括页面的基本功能，如响应输入地址等

类名	说明
OrderListTableViewController	显示订单列表，自动排序、可删除
callCarViewController	确认打车功能，设置打车的属性，如是否拼车
OrderTableViewController	订单详情页面，可查看订单详情并完成订单操作，如取消、结账、评价、投诉等
rateOrderViewController	评价/投诉信息录入页面，模拟投诉/评价
configTableViewController	设置页面，查看软件信息、退出登录等操作

3. 资源文件

Demo 的资源文件保存在/resource 子目录中，其中保存的 PNG 是图像文件，保存的 JSON 文件是用来定义字符串和颜色的文件。

12.2.3 主要方法流程设计

打车流程图如图 12-9 所示。

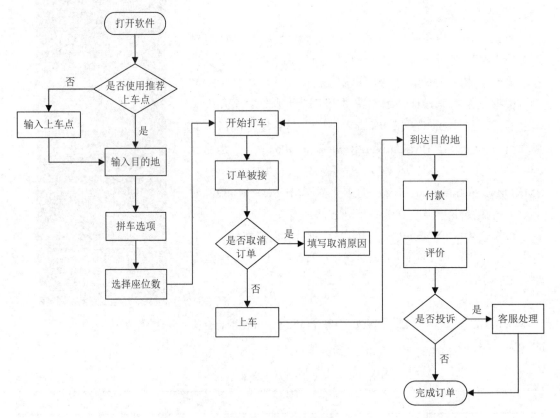

图 12-9 打车流程图

12.3 代码实现

12.3.1 显示界面布局

1. 系统主界面

系统主界面是系统进入后显示的界面，该界面的 Tabbar 中有 3 个按钮：打车、订单列表、设置。应用在未登录时进入登录页面，已登录时显示打车页面，打车页面有两个 Button、两个 Textfield、两个 Label，以及地图显示 View，如图 12-10 所示。

2. 打车设置界面

打车设置界面用于进行打车设置，可确认起点和终点，以及对拼车、乘车人数进行设置，其中包括 6 个 Label、1 个 Switch、1 个 Segment 和 1 个 Button，如图 12-11 所示。

图 12-10 系统主界面

图 12-11 打车设置界面

3. 订单列表界面

订单列表界面由 tableView 实现，包括若干 tableViewCell，每个 Cell 中分别显示标题和文本信息，如图 12-12 所示。

4. 订单详情界面

订单详情功能由 tableView 实现，包括 16 个 tableViewCell，根据不同状态显示全部的 16 个 tableviewCell 或者显示 15 个 tableviewCell。

其中 14 个 tableviewCell 用来显示订单信息，每个 tableViewCell 包含标题和文本信息两部分，另两个 tableviewCell 则各包含两个 button，用来响应具体操作，如图 12-13 所示。

图 12-12　订单列表界面

图 12-13　订单详情界面

5．设置界面

设置界面功能包括当前用户名、版本信息、软件关于和退出登录等，该界面由 tableView 构成，包括 4 个 tableViewCell，每一个 Cell 中包含 6 个 Label 和 1 个 button，如图 12-14 所示。

图 12-14　设置界面

12.3.2　申请百度地图 API key

要想使用百度地图需要先申请 key，百度地图 iOS 平台 API 申请链接当前为 http://lbsyun.baidu.com/index.php?title=iossdk，如图 12-15 所示。然后创建应用，填写安全码，如图 12-16 所示，此处安全码需要与 Xcode 中的配置完全一致。

图 12-15　百度地图 SDK API key 申请

图 12-16　百度地图 API 功能选择

单击"提交"按钮后，百度平台会生成对应的 API key 供在代码里使用。

12.3.3　地图组件的初始化与显示页面基类设计

1. 百度地图引擎类的注册和初始化

百度地图 SDK 需要在 appdelegate 中进行服务注册和初始化操作，并监听网络连接情况，确保百度地图服务可以使用。主要实现的方法及注释如下：

```
#import "AppDelegate.h"
#import <BMKLocationkit/BMKLocationComponent.h>    ///引入百度地图 API 的定位组件定义
#import <BaiduMapAPI_Base/BMKMapManager.h>         ///引入百度地图 API 的地图管理类

@interface AppDelegate ()<BMKLocationAuthDelegate>
@property (nonatomic, strong) BMKMapManager *mapManager;    //主引擎类
@end

@implementation AppDelegate
- (BOOL)application:(UIApplication *)application didFinishLaunchingWithOptions:(NSDictionary *)launchOptions {
    //初始化定位 SDK
    [[BMKLocationAuth sharedInstance] checkPermisionWithKey:@"申请的百度地图 Api key" authDelegate:self];
    //要使用百度地图，请先启动 BMKMapManager
    _mapManager = [[BMKMapManager alloc] init];

    /**
    百度地图 SDK 所有 API 均支持百度坐标（BD09）和国测局坐标（GCJ02），用此方法
    设置您使用的坐标类型
    默认是 BD09（BMK_COORDTYPE_BD09LL）坐标
    如果需要使用 GCJ02 坐标，需要设置 CoordinateType 为 BMK_COORDTYPE_COMMON
    */
    if ([BMKMapManager setCoordinateTypeUsedInBaiduMapSDK:BMK_COORDTYPE_BD09LL]) {
        NSLog(@"经纬度类型设置成功");
    } else {
        NSLog(@"经纬度类型设置失败");
    }

    //启动引擎并设置 AK 和 delegate
    BOOL result = [_mapManager start:@"RiywaZyEmxK6CyQAfRZDlDKj" generalDelegate:self];
    if (!result) {
        NSLog(@"启动引擎失败");
    }

    return YES;
}

    /**
```

联网结果回调

```
@param iError 联网结果错误码信息，0 代表联网成功
*/
- (void)onGetNetworkState:(int)iError {
    if (0 == iError) {
        NSLog(@"联网成功");
    } else {
        NSLog(@"联网失败：%d", iError);
    }
}

/**
 鉴权结果回调

@param iError 鉴权结果错误码信息，0 代表鉴权成功
*/
- (void)onGetPermissionState:(int)iError {
    if (0 == iError) {
        NSLog(@"授权成功");
    } else {
        NSLog(@"授权失败：%d", iError);
    }
}
```

2. 修改 BMKSearchBasePage 地图显示基础功能类

BMKSearchBasePage 是百度开发包中提供的一个基础显示页面基类，其基础功能完全可以满足我们的设计，只需要根据我们的设计做一些小的修改即可。本次做的修改主要是增加了一个定位按钮、将原来的搜索按钮修改为打车按钮，并在用户更改了起始地点或者终止地点时自动执行搜索络线操作。其定义如下：

```
#import <UIKit/UIKit.h>
#import <BaiduMapAPI_Map/BMKPolyline.h>
#import <BaiduMapAPI_Map/BMKMapView.h>

@interface BMKSearchBasePage : UIViewController
//搜索按钮
@property (nonatomic, strong) UIButton *searchButton;
@property (nonatomic, strong) UIButton *locationButton;

//搜索数据
@property (nonatomic, strong) NSMutableArray *dataArray;
//搜索工具视图
@property (nonatomic, strong) UIView *toolView;
- (void)createToolBarsWithItemArray:(NSArray *)itemArray;
//搜索工具简单搜索事件，子类重写覆盖
```

```
- (void)setupDefaultData;
//判断必传数据是否有空的
- (BOOL)isExistNullData;
- (void)alertMessage:(NSString *)message;
//根据 polyline 设置地图范围
- (void)mapViewFitPolyline:(BMKPolyline *)polyline withMapView:(BMKMapView *)mapView;
@end
```

其实现代码如下：

```
#import "BMKSearchBasePage.h"

@interface BMKSearchBasePage () <UITextFieldDelegate>
@end

@implementation BMKSearchBasePage

- (void)viewDidLoad {
    [super viewDidLoad];
}

//创建 ToolView
- (void)createToolBarsWithItemArray:(NSArray *)itemArray {

    [_dataArray removeAllObjects];
    [_toolView removeFromSuperview];

    ///根据子类设置的数据创建相应的页面元素，如标签、输入文本框、按钮等
    ///先创建显示标签、输入文本框
    for (int i = 0; i<itemArray.count; i++) {
        NSDictionary *tempDic = itemArray[i];

        UILabel *leftTip = [[UILabel alloc] initWithFrame:CGRectMake(KScreenWidth * 0.025, 0,
        KScreenWidth * 0.20, 33)];
        leftTip.textAlignment = NSTextAlignmentRight;
        leftTip.text = tempDic[@"leftItemTitle"];
        leftTip.textColor = self.view.tintColor;

        UITextField *leftText = [[UITextField alloc] initWithFrame:CGRectMake(KScreenWidth *
        0.21, 0, KScreenWidth * 0.62, 33)];
        leftText.returnKeyType = UIReturnKeyDone;
        leftText.delegate = self;
        leftText.tag = 100 + i;
        [leftText addTarget:self action:@selector(textFieldDidChange:) forControlEvents:
        UIControlEventEditingChanged];
        leftText.text = tempDic[@"rightItemText"];
        leftText.placeholder = tempDic[@"rightItemPlaceholder"];
        [leftText setBorderStyle:UITextBorderStyleRoundedRect];
```

```
//数据初始化并绑定
[self.dataArray addObject:leftText.text];

UIView *bar = [[UIView alloc] init];
bar.backgroundColor = [UIColor colorWithRed:247/255.0 green:247/255.0 blue:247/255.0 alpha:247/255.0];
bar.frame = CGRectMake(0, 35 * i, KScreenWidth * 0.75, 35);
[bar addSubview:leftTip];
[bar addSubview:leftText];

[self.toolView addSubview:bar];
}

///规划显示用的底层 View 的 frame，此 frame 根据设备分辨率的不同而调整，其中使用的
///宏定义在 prefixheader.pch 预处理文件中定义
self.toolView.frame = CGRectMake(0, KScreenHeight - kViewTopHeight - 35 * itemArray.count - KiPhoneXSafeAreaDValue - KTabBarHeight, KScreenWidth, 35 * itemArray.count);

///创建打车按钮
self.searchButton.frame = CGRectMake(KScreenWidth * 0.84, 0, KScreenWidth * 0.20, self.toolView.frame.size.height);
///创建定位按钮
self.locationButton.frame = CGRectMake(KScreenWidth * 0.0, 0, KScreenWidth * 0.10, KScreenWidth * 0.10);

[self.toolView addSubview:self.searchButton];
[self.toolView addSubview:self.locationButton];

[self.view addSubview:self.toolView];

//键盘出现的通知
[[NSNotificationCenter defaultCenter] addObserver:self selector:@selector(keyboardWasShown:) name:UIKeyboardDidShowNotification object:nil];
//键盘消失的通知
[[NSNotificationCenter defaultCenter] addObserver:self selector:@selector(keyboardWillBeHiden:) name:UIKeyboardWillHideNotification object:nil];
}

#pragma mark -键盘监听方法
- (void)keyboardWasShown:(NSNotification *)notification {
    //获取键盘的高度
    CGRect frame = [[[notification userInfo] objectForKey:UIKeyboardFrameEndUserInfoKey] CGRectValue];
    CGFloat y = [UIScreen mainScreen].bounds.size.height-self.toolView.frame.size.height-frame.size.height-KNavigationBarHeight - KStatuesBarHeight;
    self.toolView.frame = CGRectMake(self.toolView.frame.origin.x, y, self.toolView.frame.size.width,
```

```
            self.toolView.frame.size.height);
    }

    - (void)keyboardWillBeHiden:(NSNotification *)notification {
        if (KScreenHeight - kViewTopHeight - KiPhoneXSafeAreaDValue - self.toolView.frame.size.height
        == self.toolView.frame.origin.y)
            return;

        self.toolView.frame = CGRectMake(self.toolView.frame.origin.x, KScreenHeight -
        kViewTopHeight - KiPhoneXSafeAreaDValue - KTabBarHeight - self.toolView.frame.size.height,
        self.toolView.frame.size.width, self.toolView.frame.size.height);
    }

    - (void)searchData {
        if (![self isExistNullData]) {
            [self setupDefaultData];
        } else {
            UIAlertController *alert = [UIAlertController alertControllerWithTitle:@"温馨提示"
            message:@"必选参数不能为空！" preferredStyle:UIAlertControllerStyleAlert];
            UIAlertAction *action = [UIAlertAction actionWithTitle:@"我知道了"
            style:UIAlertActionStyleDefault handler:nil];
            [alert addAction:action];
            [self presentViewController:alert animated:YES completion:nil];
        }
    }

#pragma mark 定义的虚函数，供子类重载
    - (void)location {
    }

    -(void)clearLocationInfo{
    }

    - (void)setupDefaultData {
    }

    -(void)callCar{
    }

#pragma mark 警告消息显示方法
    - (void)alertMessage:(NSString *)message {
        UIAlertController *alert = [UIAlertController alertControllerWithTitle:@"检索结果"
        message:message preferredStyle:UIAlertControllerStyleAlert];
        UIAlertAction *action = [UIAlertAction actionWithTitle:@"我知道了"
        style:UIAlertActionStyleDefault handler:nil];
        [alert addAction:action];
```

```objectivec
    [self presentViewController:alert animated:YES completion:nil];
}
-(BOOL)isExistNullData {
    BOOL flag = NO;
    if (self.dataArray.count == 0) return NO;
    for (NSString *tempStr in self.dataArray) {
        if (tempStr.length == 0) {
            flag = YES;
            break;
        }
    }
    return flag;
}


#pragma mark -UITextFieldDelegate
- (BOOL)textFieldShouldReturn:(UITextField *)textField {
    //数据更新
    [self.dataArray replaceObjectAtIndex:textField.tag - 100 withObject:textField.text];
    [textField resignFirstResponder];
    [self searchData];
    return YES;
}


-(void)textFieldDidChange:(UITextField *)textField {
    //数据更新
    [self.dataArray replaceObjectAtIndex:textField.tag - 100 withObject:textField.text];
    if(100 == textField.tag )
        [self clearLocationInfo];
}


//根据 polyline 设置地图范围
- (void)mapViewFitPolyline:(BMKPolyline *)polyline withMapView:(BMKMapView *)mapView {
    double leftTop_x, leftTop_y, rightBottom_x, rightBottom_y;
    if (polyline.pointCount < 1) {
        return;
    }
    BMKMapPoint pt = polyline.points[0];
    leftTop_x = pt.x;
    leftTop_y = pt.y;
    //左上方的点 lefttop 坐标(leftTop_x,leftTop_y)
    rightBottom_x = pt.x;
    rightBottom_y = pt.y;
    //右底部的点 rightbottom 坐标(rightBottom_x,rightBottom_y)
    for (int i = 1; i < polyline.pointCount; i++) {
        BMKMapPoint point = polyline.points[i];
        if (point.x < leftTop_x) {
```

```objc
                leftTop_x = point.x;
            }
            if (point.x > rightBottom_x) {
                rightBottom_x = point.x;
            }
            if (point.y < leftTop_y) {
                leftTop_y = point.y;
            }
            if (point.y > rightBottom_y) {
                rightBottom_y = point.y;
            }
        }
    BMKMapRect rect;
    rect.origin = BMKMapPointMake(leftTop_x , leftTop_y);
    rect.size = BMKMapSizeMake(rightBottom_x - leftTop_x, rightBottom_y - leftTop_y);
    UIEdgeInsets padding = UIEdgeInsetsMake(20, 10, 20, 10);
    [mapView fitVisibleMapRect:rect edgePadding:padding withAnimated:YES];
}


-(void)dealloc {
    //移除通知
    [[NSNotificationCenter defaultCenter] removeObserver:self name:UIKeyboardDidShowNotification
    object:nil];
    [[NSNotificationCenter defaultCenter] removeObserver:self name:UIKeyboardWillHideNotification
    object:nil];
}


#pragma mark -懒加载
- (NSMutableArray *)dataArray {
    if (!_dataArray) {
        _dataArray = [NSMutableArray array];
    }
    return _dataArray;
}


///设置打车按钮的属性
- (UIButton *)searchButton {
    if (!_searchButton) {
        _searchButton = [UIButton buttonWithType:UIButtonTypeCustom];
        _searchButton.frame = CGRectZero;
        [_searchButton setTitle:@"打车" forState:UIControlStateNormal];
        [_searchButton setTitleColor:[UIColor redColor] forState:UIControlStateNormal];
        [_searchButton setBackgroundImage:[UIImage imageNamed:@"callCar"] forState:
        UIControlStateNormal];
        //[_searchButton addTarget:self action:@selector(searchData) forControlEvents:
        UIControlEventTouchUpInside];
```

```
                [_searchButton addTarget:self action:@selector(callCar) forControlEvents:
                UIControlEventTouchUpInside];
                [_searchButton setBackgroundColor:[UIColor clearColor]];
            }
            return _searchButton;
        }


        //设置定位按钮的属性
        - (UIButton *)locationButton {
            if (!_locationButton) {
                _locationButton = [UIButton buttonWithType:UIButtonTypeCustom];
                _locationButton.frame = CGRectZero;
                [_locationButton setTitle:@"定位" forState:UIControlStateNormal];
                [_locationButton setTitleColor:self.view.tintColor forState:UIControlStateNormal];
                [_locationButton addTarget:self action:@selector(location) forControlEvents:
                UIControlEventTouchUpInside];
                [_locationButton setBackgroundColor:[UIColor clearColor]];
                [_locationButton setImage:[UIImage imageNamed:@"locationIcon"] forState:
                UIControlStateNormal];
            }
            return _locationButton;
        }


        - (UIView *)toolView {
            if (!_toolView) {
                _toolView = [[UIView alloc] initWithFrame:CGRectZero];
                [_toolView setBackgroundColor:[UIColor colorWithRed:247/255.0 green:247/255.0
                blue:247/255.0 alpha:247/255.0]];
            }
            return _toolView;
        }
        @end
```

12.3.4 地图操作与显示类的设计实现

地图操作与地图显示是地图类应用的核心功能，百度的示例代码中提供的 BMKDrivingRouteSearchPage 类演示了基本定位、地图显示、路线查找、路线标画、标签加注等功能，我们可以根据自己的设计在其上进行适当的修改来完成本项目的地图功能。

1. *初始化定位*

百度地图提供了一个定位管理类，以完成基本的地图定位操作。为了实现 iOS 的定位功能，首先要在项目的 info 中增加定位权限许可如 Privacy - Location Always and When In Use Usage，否则将不能定位。其初始化方式以及参数意义说明如下：

```
        (BMKLocationManager *)locationManager {
            if (!_locationManager) {
                //初始化 BMKLocationManager 类的实例
```

```
        _locationManager = [[BMKLocationManager alloc] init];
        //设置定位管理类实例的代理
        _locationManager.delegate = self;
        //设定定位坐标系类型，默认为 BMKLocationCoordinateTypeGCJ02
        _locationManager.coordinateType = BMKLocationCoordinateTypeBMK09LL;
        //设定定位精度，默认为 kCLLocationAccuracyBest
        _locationManager.desiredAccuracy = kCLLocationAccuracyBest;
        //设定定位类型，默认为 CLActivityTypeAutomotiveNavigation
        _locationManager.activityType = CLActivityTypeAutomotiveNavigation;
        //指定定位是否会被系统自动暂停，默认为 NO
        _locationManager.pausesLocationUpdatesAutomatically = NO;
        /**
          是否允许后台定位，默认为 NO。只在 iOS 9 及之后起作用。
          设置为 YES 的时候必须保证 Background Modes 中的 Location updates 处于选中
          状态，否则会抛出异常。
          由于 iOS 系统的限制，需要在定位未开始之前或定位停止之后修改该属性的值才会
          有效果。
         */
        _locationManager.allowsBackgroundLocationUpdates = NO;
        /**
          指定单次定位超时时间，默认为 10s，最小值为 2s。注意单次定位请求前设置。
          注意：单次定位超时时间从确定了定位权限（非 kCLAuthorizationStatusNotDetermined
          状态）后开始计算。
         */
        _locationManager.locationTimeout = 10;
    }
    return _locationManager;
}


- (BMKUserLocation *)userLocation {
    if (!_userLocation) {
        //初始化 BMKUserLocation 类的实例
        _userLocation = [[BMKUserLocation alloc] init];
    }
    return _userLocation;
}
```

2. 定位需要实现的代理（delegate）

开始定位后，定位结果由代理方法获得，需要实现的代理方法如下：

```
#pragma mark - BMKLocationManagerDelegate
/**
  @brief：当定位发生错误时会调用代理的此方法
  @param manager：定位 BMKLocationManager 类
  @param error：返回的错误，参考 CLError
 */
- (void)BMKLocationManager:(BMKLocationManager * _Nonnull)manager
```

```
didFailWithError:(NSError * _Nullable)error {
    NSLog(@"定位失败");
}


/**
 @brief：该方法为 BMKLocationManager 提供设备朝向的回调方法
 @param manager：提供该定位结果的 BMKLocationManager 类的实例
 @param heading：设备的朝向结果
 */
- (void)BMKLocationManager:(BMKLocationManager *)manager didUpdateHeading:(CLHeading *)
heading {
    if (!heading) {
        return;
    }
    NSLog(@"用户方向更新");

    self.userLocation.heading = heading;
    [_mapView updateLocationData:self.userLocation];
}


/**
 @brief：连续定位回调函数
 @param manager：定位 BMKLocationManager 类
 @param location：定位结果，参考 BMKLocation
 @param error：错误信息
 */
- (void)BMKLocationManager:(BMKLocationManager *)manager didUpdateLocation:(BMKLocation *)
location orError:(NSError *)error {
    if (error) {
        NSLog(@"locError:{%ld - %@};", (long)error.code, error.localizedDescription);
    }
    if (!location) {
        return;
    }

    self.userLocation.location = location.location;
    //实现该方法，否则定位图标不出现
    [_mapView updateLocationData:self.userLocation];

    BMKCoordinateRegion region;

    ///根据定位得到的坐标数据设置显示区域的中心点（定位点）的经纬度坐标
    region.center.latitude = location.location.coordinate.latitude;
    region.center.longitude = location.location.coordinate.longitude;
    //设置主显示页面的经纬度范围
    region.span.latitudeDelta = 0.06;
```

```
        region.span.longitudeDelta = 0.06;

        ///在主页面地图中显示定位的区域
        [_mapView setRegion:region];

        BMKReverseGeoCodeSearchOption *reverseGeoCodeOption =
[[BMKReverseGeoCodeSearchOption alloc] init];
        //经纬度
        reverseGeoCodeOption.location = location.location.coordinate;
        //是否访问最新版行政区划数据（仅对中国数据生效）
        reverseGeoCodeOption.isLatestAdmin = YES;
        [self searchReverseGeoCode:reverseGeoCodeOption];


        NSLog(@"当前的坐标是：%f,%f", self.userLocation.location.coordinate.latitude,
        location.location.coordinate.longitude);

        ///停止获取定位信息
        [self.locationManager stopUpdatingHeading];
        [self.locationManager stopUpdatingLocation];

    }
```

3. 初始化地图 View

MapView 是用来显示地图的 View，设置显示指南针和比例尺，我们选择实现 mapview 的 delegate 方法 mapViewDidFinishLoading。

```
        - (BMKMapView *)mapView {
            if (!_mapView) {
                _mapView = [[BMKMapView alloc] initWithFrame:CGRectMake(0, 0, KScreenWidth,
KScreenHeight - kViewTopHeight - KiPhoneXSafeAreaDValue - KTabBarHeight - 35 * 2)];
            }
            return _mapView;
        }
        - (void)mapViewDidFinishLoading:(BMKMapView *)mapView
        {
            //设置罗盘位置
            [mapView setCompassPosition:CGPointMake(KScreenWidth - 60,40)];
            _mapView.showMapScaleBar = YES;
            //设置比例尺的位置，以 BMKMapView 左上角为原点，向右向下增长
            _mapView.mapScaleBarPosition = CGPointMake(KScreenWidth - 60, 10);
        }
```

4. 反向地理编码的检索和解析

反向地理编码即从定位经纬度取得行政区划名称等反向搜索的过程。百度地图提供了易用的反向地理编码搜索方法 searchReverseGeoCode，搜索结果由实现的反向地理编码的 delegate 方法 onGetReverseGeoCodeResult 处理。

```
        - (void)searchReverseGeoCode:(BMKReverseGeoCodeSearchOption *)option {
            //初始化 BMKGeoCodeSearch 实例
```

```
BMKGeoCodeSearch *geoCodeSearch = [[BMKGeoCodeSearch alloc]init];
//设置反向地理编码检索的代理
geoCodeSearch.delegate = self;
//初始化请求参数类 BMKReverseGeoCodeOption 的实例
BMKReverseGeoCodeSearchOption *reverseGeoCodeOption =
[[BMKReverseGeoCodeSearchOption alloc] init];
//待解析的经纬度坐标（必选）
reverseGeoCodeOption.location = option.location;
//是否访问最新版行政区划数据（仅对中国数据生效）
reverseGeoCodeOption.isLatestAdmin = option.isLatestAdmin;
/**
  根据地理坐标获取地址信息：异步方法，返回结果在 BMKGeoCodeSearchDelegate 的
  onGetAddrResult 中

  reverseGeoCodeOption 反 geo 检索信息类
  成功返回 YES，否则返回 NO
  */
BOOL flag = [geoCodeSearch reverseGeoCode:reverseGeoCodeOption];
if (flag) {
    NSLog(@"反向地理编码检索成功");
} else {
    NSLog(@"反向地理编码检索失败");
}
}
#pragma mark - BMKGeoCodeSearchDelegate
/**
反向地理编码检索结果回调

@param searcher：检索对象
@param result：反向地理编码检索结果
@param error：错误码，@see BMKCloudErrorCode
*/
- (void)onGetReverseGeoCodeResult:(BMKGeoCodeSearch *)searcher result:
(BMKReverseGeoCodeSearchResult *)result errorCode:(BMKSearchErrorCode)error {

    BMKPoiInfo *POIInfo = result.poiList.firstObject;
    BMKSearchRGCRegionInfo *regionInfo = [[BMKSearchRGCRegionInfo alloc] init];
    if (result.poiRegions.count > 0) {
        regionInfo = result.poiRegions[0];
    }

    NSString *city = result.addressDetail.city;
    NSLog(@"当前城市名称------%@",city);

    NSInteger cityId = result.addressDetail.adCode.integerValue;
    NSLog(@"当前城市编号-------->%zd",cityId);
```

```
NSLog(@"当前城市的哪个区------%@ ",result.addressDetail.district);

self.locatedPoint = [NSString stringWithFormat:@"%@%@%@",result.addressDetail.district,
result.addressDetail.town,POIInfo.name];
NSLog(@"%@",self.locatedPoint);

self.locatedCity = city;
UITextField *startTextField = [self.toolView viewWithTag:100];
startTextField.text = self.locatedPoint;
[self.dataArray replaceObjectAtIndex:0 withObject:startTextField.text];
}
```

12.3.5 订单列表和处理

本示例采用了 tableView 来展现订单列表，使用 NSUserDefault 来实现简单的订单存储过程。由于订单处理中使用的基本技术和技巧在本书的其他项目中已经有过讲述，本节只简单说明关键代码，不作重点讲解。

（1）主要方法一：存储订单信息。

```
-(void)saveOrderWithInfo:(NSString *)infoStr{
    ///使用 userdefault 作为模拟存储
    NSUserDefaults *defaults = [NSUserDefaults standardUserDefaults];

    ///取得订单信息的数据，数据以 dictionary 形式存储，key 为时间戳字符串，便于显示时
    ///进行排序
    NSDictionary *dicTemp = [defaults objectForKey:@"info"];
    NSMutableDictionary *mainDic = nil;

    if (nil != dicTemp){
        mainDic = [[NSMutableDictionary alloc] initWithDictionary:dicTemp];
    }
    else{
        mainDic = [[NSMutableDictionary alloc] init];
    }

    ///创建主 key
    NSString *strTimeId = [NSString stringWithFormat:@"%.8f",[NSDate timeIntervalSinceReferenceDate]];

    ///创建各个子项目的 value
    NSDateFormatter *format = [[NSDateFormatter alloc] init];
    format.dateFormat = @"yyyy-MM-dd HH:mm:ss";

    NSString *callTimeStr = [format stringFromDate:[NSDate date]];
    NSString *shareFlag = [NSString stringWithFormat:@"%i", self.typeSwi.on];
    NSString *shareNumer = [NSString stringWithFormat:@"%ld",
    self.numberOfPersonSegmented.selectedSegmentIndex + 1];
```

///生成一个订单的信息 dictionary

```
NSDictionary *infoDic = [NSDictionary dictionaryWithObjectsAndKeys:@"5", @"starClass",
@"黄狮虎",@"name", @"大众帕萨特",@"carModel",@"京 A12345",@"carNum",@"18612345678",
@"carPhone",self.startStr,@"start",self.endStr,@"end",callTimeStr,@"carTime" ,shareFlag,
@"shareFlag",shareNumer,@"shareNumber",@"已接单",@"status",self.distance,
@"distance", self.taxiFares, @"fee", @"",@"rate", @"", @"complain", nil];
```

///将订单信息以及 key 保存到主 dictionary 中

```
[mainDic setObject:infoDic forKey:strTimeId];
```

///保存主 dictionary 到 nuserdefault 中

```
[defaults setObject:mainDic forKey:@"info"];
[defaults synchronize];
```

///显示提示 alert 信息

```
[[NSNotificationCenter defaultCenter] postNotificationName:@"addOrder" object:nil userInfo:nil];

UIAlertController *alert = [UIAlertController alertControllerWithTitle:@"接单啦！"
message:infoStr preferredStyle:UIAlertControllerStyleAlert];
UIAlertAction* defaultAction = [UIAlertAction actionWithTitle:@"知道了" style:
UIAlertActionStyleDefaulthandler:^(UIAlertAction * action) {
    [self.navigationController popViewControllerAnimated:YES];
    }];

[alert addAction:defaultAction];
[self presentViewController:alert animated:YES completion:nil];
_callBtn.enabled = YES;
}
```

（2）主要方法二：显示订单信息，在 TableView 的 datasource 方法中实现，在 TableView 的 delegate 中实现订单的删除操作。

```
#pragma mark - Table view data source

- (NSInteger)numberOfSectionsInTableView:(UITableView *)tableView {
    return 1;
}

- (NSInteger)tableView:(UITableView *)tableView numberOfRowsInSection:(NSInteger)section {
    NSInteger ret = 0;

    ///根据存储的订单数量确定显示的 Row 数量
    NSUserDefaults *defaults = [NSUserDefaults standardUserDefaults];
    NSDictionary *dicTemp = [defaults objectForKey:@"info"];
```

```
        if (nil != dicTemp){
            ret = dicTemp.allKeys.count;
        }


        return ret;
    }
```

///构建显示 Cell，每个 Cell 显示一个订单子项目信息

```
- (UITableViewCell *)tableView:(UITableView *)tableView cellForRowAtIndexPath:(NSIndexPath *)
indexPath {

        static NSString *const identifier = @"infoCell";
        UITableViewCell *cell = [tableView dequeueReusableCellWithIdentifier:identifier];

        if(nil == cell){
            cell = [[UITableViewCell alloc] initWithStyle:UITableViewCellStyleSubtitle
            reuseIdentifier:identifier];
        }
```

        ///从 userdefault 存储的订单信息中提取对应行的子项信息
```
        NSUserDefaults *defaults = [NSUserDefaults standardUserDefaults];
        NSDictionary *dicTemp = [defaults objectForKey:@"info"];
```

        ///以 key（即订单的时间戳）进行排序
```
        NSArray *keys = [[dicTemp allKeys] sortedArrayUsingComparator:^NSComparisonResult(id
        obj1, id obj2){
            NSString *key1 = (NSString *)obj1;
            NSString *key2 = (NSString *)obj2;

            return [key1 compare:key2];
        }];
```

        ///取得订单 key
```
        NSString *key = [keys objectAtIndex:indexPath.row];
```
        ///取得订单信息 dictionary
```
        NSDictionary *orderDic = [dicTemp objectForKey:key];
```

        ///提取各个子项的内容
```
        NSString *carNum = [orderDic objectForKey:@"carNum"];
        NSString *name = [orderDic objectForKey:@"name"];
        NSString *carPhone = [orderDic objectForKey:@"carPhone"];
        NSString *status = [orderDic objectForKey:@"status"];
        NSString *carTime = [orderDic objectForKey:@"carTime"];
        NSString *start = [orderDic objectForKey:@"start"];
        NSString *end = [orderDic objectForKey:@"end"];
```

///构造 Cell 的显示信息
NSString *detailStr = [NSString stringWithFormat:@"%@ %@ %@ %@ %@", carTime, carNum, name, carPhone, status];
NSString *titleStr = [NSString stringWithFormat:@"%@到%@", start, end];

```
    cell.detailTextLabel.text = detailStr;        //已接单、已评价、已投诉"
    cell.textLabel.text = titleStr;
    //配置 Cell

    return cell;
}
```

//重载以支持 tableview 的条件编辑
```
- (BOOL)tableView:(UITableView *)tableView canEditRowAtIndexPath:(NSIndexPath *)indexPath
{
    //如果你不希望指定的 item 被编辑，则返回 NO
    return YES;
}
```

//重载以支持编辑 tableview 的操作
```
- (void)tableView:(UITableView *)tableView commitEditingStyle:(UITableViewCellEditingStyle)
editingStyle forRowAtIndexPath:(NSIndexPath *)indexPath {

    ///判断是否是删除操作
    if (editingStyle == UITableViewCellEditingStyleDelete) {

        ///取得要删除的 Row 对应的数据位置（key）
        NSUserDefaults *defaults = [NSUserDefaults standardUserDefaults];
        NSMutableDictionary *dicTemp = [NSMutableDictionary dictionaryWithDictionary:
          [defaults objectForKey:@"info"]];

        NSArray *keys = [[dicTemp allKeys] sortedArrayUsingComparator:
        ^NSComparisonResult(id obj1, id obj2){
            NSString *key1 = (NSString *)obj1;
            NSString *key2 = (NSString *)obj2;

            return [key1 compare:key2];
        }];

        NSString *key = [keys objectAtIndex:indexPath.row];

        ///删除数据
        [dicTemp removeObjectForKey:key];

        ///保存删除后的数据
        [defaults setObject:dicTemp forKey:@"info"];
```

```
        [defaults synchronize];
        ////在 TableView 上实现删除效果
        [tableView deleteRowsAtIndexPaths:@[indexPath] withRowAnimation:
        UITableViewRowAnimationFade];
    }
}
```

12.4 关键知识点解析

12.4.1 路径检索和地图标注

1. 路径检索与检索数据的处理

路径检索是打车类应用的核心功能，百度地图提供了简便易用的 drivingRouteSearch 类来查询两点间的路线，查询结果由 BMKRouteSearchDelegate 处理，根据项目的设计具体实现代码如下：

```
- (void)setupSearchDataWithStartName:(NSString*)startName startCity:(NSString *)startCity
endName:(NSString*)endName endCity:(NSString *)endCity {
    BMKDrivingRoutePlanOption *drivingRoutePlanOption = [[BMKDrivingRoutePlanOption
alloc] init];
    //实例化线路检索节点信息类对象
    BMKPlanNode *start = [[BMKPlanNode alloc]init];
    //起点名称
    start.name = startName;
    //起点所在城市
    start.cityName = startCity;
    //实例化线路检索节点信息类对象
    BMKPlanNode *end = [[BMKPlanNode alloc]init];
    //终点名称
    end.name = endName;
    //终点所在城市
    end.cityName = endCity;
    //检索的起点，可通过关键字、坐标两种方式指定。cityName 和 cityID 同时指定时优先
    //使用 cityID
    drivingRoutePlanOption.from = start;
    //检索的终点，可通过关键字、坐标两种方式指定。cityName 和 cityID 同时指定时优先
    //使用 cityID
    drivingRoutePlanOption.to = end;
    [self searchData:drivingRoutePlanOption];
}

- (void)searchData:(BMKDrivingRoutePlanOption *)option {
    //初始化 BMKRouteSearch 实例
    _drivingRouteSearch = [[BMKRouteSearch alloc]init];
```

//设置驾车路线的规划

_drivingRouteSearch.delegate = self;

/*

  线路检索节点信息类，一个路线检索节点可以通过经纬度坐标或城市名加地名确定

  */

//实例化线路检索节点信息类对象

BMKPlanNode *start = [[BMKPlanNode alloc]init];

//起点名称

start.name = option.from.name;

//起点所在城市，cityName 和 cityID 同时指定时优先使用 cityID

start.cityName = option.from.cityName;

//起点所在城市 ID，cityName 和 cityID 同时指定时优先使用 cityID

if ((option.from.cityName.length > 0 && option.from.cityID != 0) || (option.from.cityName.length == 0 && option.from.cityID != 0))   {

    start.cityID = option.from.cityID;

}

//起点坐标

start.pt = option.from.pt;

//实例化线路检索节点信息类对象

BMKPlanNode *end = [[BMKPlanNode alloc]init];

//终点名称

end.name = option.to.name;

//终点所在城市，cityName 和 cityID 同时指定时优先使用 cityID

end.cityName = option.to.cityName;

//终点所在城市 ID，cityName 和 cityID 同时指定时优先使用 cityID

if ((option.to.cityName.length > 0 && option.to.cityID != 0) || (option.to.cityName.length == 0 && option.to.cityID != 0))   {

    end.cityID = option.to.cityID;

}

//终点坐标

end.pt = option.to.pt;

//初始化请求参数类 BMKDrivingRoutePlanOption 的实例

BMKDrivingRoutePlanOption *drivingRoutePlanOption = [[BMKDrivingRoutePlanOption alloc]init];

//检索的起点，可通过关键字、坐标两种方式指定。cityName 和 cityID 同时指定时优先

//使用 cityID

drivingRoutePlanOption.from = start;

//检索的终点，可通过关键字、坐标两种方式指定。cityName 和 cityID 同时指定时优先

//使用 cityID

drivingRoutePlanOption.to = end;

//

drivingRoutePlanOption.wayPointsArray = option.wayPointsArray;

/*

  驾车策略，默认使用 BMK_DRIVING_TIME_FIRST

  BMK_DRIVING_BLK_FIRST：躲避拥堵

```
        BMK_DRIVING_TIME_FIRST：最短时间
        BMK_DRIVING_DIS_FIRST：最短路程
        BMK_DRIVING_FEE_FIRST：少走高速
        */
    drivingRoutePlanOption.drivingPolicy = option.drivingPolicy;
        /*
        路线中每一个 Step 的路况，默认使用 BMK_DRIVING_REQUEST_TRAFFICE_TYPE_NONE
        BMK_DRIVING_REQUEST_TRAFFICE_TYPE_NONE：不带路况
        BMK_DRIVING_REQUEST_TRAFFICE_TYPE_PATH_AND_TRAFFICE：道路和路况
        */
    drivingRoutePlanOption.drivingRequestTrafficType = option.drivingRequestTrafficType;
        /**
        发起驾乘路线检索请求，异步函数，返回结果在 BMKRouteSearchDelegate 的
        onGetDrivingRouteResult 中
        */
    BOOL flag = [_drivingRouteSearch drivingSearch:drivingRoutePlanOption];
    if(flag) {
        NSLog(@"驾车检索成功");
    } else {
        NSLog(@"驾车检索失败");
    }
}

#pragma mark - BMKRouteSearchDelegate
/**
返回驾车路线检索结果

@param searcher：检索对象
@param result：检索结果，类型为 BMKDrivingRouteResult
@param error：错误码  @see BMKSearchErrorCode
*/
- (void)onGetDrivingRouteResult:(BMKRouteSearch *)searcher result:(BMKDrivingRouteResult *)
result errorCode:(BMKSearchErrorCode)error {
    [_mapView removeOverlays:_mapView.overlays];
    [_mapView removeAnnotations:_mapView.annotations];

    if (error == BMK_SEARCH_NO_ERROR) {
        //+polylineWithPoints: count:坐标点的个数
        __block NSUInteger pointCount = 0;
        //获取所有驾车路线中的第一条路线
        BMKDrivingRouteLine *routeline = (BMKDrivingRouteLine *)result.routes.firstObject;
        //遍历驾车路线中的所有路段
        [routeline.steps enumerateObjectsUsingBlock:^(id _Nonnull obj, NSUInteger idx, BOOL
        * _Nonnull stop) {
            //获取驾车路线中的每条路段
```

```
        BMKDrivingStep *step = routeline.steps[idx];
        //初始化标注类 BMKPointAnnotation 的实例
        BMKPointAnnotation *annotation = [[BMKPointAnnotation alloc] init];
        //设置标注的经纬度坐标为子路段的入口经纬度
        annotation.coordinate = step.entrance.location;
        //设置标注的标题为子路段的说明
        annotation.title = step.entranceInstruction;

        /**

          当前地图添加标注，需要实现 BMKMapViewDelegate 的-mapView:
          viewForAnnotation:方法来生成标注对应的 View @param annotation 要添加的标注
          */
        [_mapView addAnnotation:annotation];
        //统计路段所经过的地理坐标集合内点的个数
        pointCount += step.pointsCount;
}];

self.taxiFares = [NSString stringWithFormat:@"%ld", routeline.taxiFares];
float kmNumber = routeline.distance/1000.0;

self.distance = [NSString stringWithFormat:@"%.2f", kmNumber];

//+polylineWithPoints: count:指定的直角坐标点数组
BMKMapPoint *points = new BMKMapPoint[pointCount];
__block NSUInteger j = 0;
//遍历驾车路线中的所有路段
[routeline.steps enumerateObjectsUsingBlock:^(id    _Nonnull obj, NSUInteger idx, BOOL
* _Nonnull stop) {
        //获取驾车路线中的每条路段
        BMKDrivingStep *step = routeline.steps[idx];
        //遍历每条路段所经过的地理坐标集合点
        for (NSUInteger i = 0; i < step.pointsCount; i ++) {
            //将每条路段所经过的地理坐标点赋值给 points
            points[j].x = step.points[i].x;
            points[j].y = step.points[i].y;
            j ++;
        }
}];

//根据指定直角坐标点生成一段折线
BMKPolyline *polyline = [BMKPolyline polylineWithPoints:points count:pointCount];
/**
  向地图 View 添加 Overlay，需要实现 BMKMapViewDelegate 的-mapView:
  viewForOverlay:方法来生成标注对应的 View
```

```
        @param overlay：要添加的 overlay
        */

    [_mapView addOverlay:polyline];
    if (polyline.pointCount > 2){
        BMKMapPoint start = polyline.points[0];
        BMKMapPoint end = polyline.points[j - 1];
        BMKPointAnnotation *annotationStart = [[BMKPointAnnotation alloc] init];
        //设置标注的经纬度坐标为子路段的入口经纬度
        annotationStart.coordinate = BMKCoordinateForMapPoint(start);
        //设置标注的标题为子路段的说明
        annotationStart.title = @"起点";
        [_mapView addAnnotation:annotationStart];

        BMKPointAnnotation *annotationEnd = [[BMKPointAnnotation alloc] init];
        //设置标注的经纬度坐标为子路段的出口经纬度
        annotationEnd.coordinate = BMKCoordinateForMapPoint(end);
        //设置标注的标题为子路段的说明
        annotationEnd.title = @"终点";
        [_mapView addAnnotation:annotationEnd];
    }
    //根据 polyline 设置地图范围
    [self mapViewFitPolyline:polyline withMapView:self.mapView];
    }
    else{
        UIAlertController *alert = [UIAlertController alertControllerWithTitle:@"温馨提示"
        message:@"未找到路线，请更换目标地点或者重新定位当前位置！"
        preferredStyle:UIAlertControllerStyleAlert];
        UIAlertAction *action = [UIAlertAction actionWithTitle:@"我知道了"
        style:UIAlertActionStyleDefault handler:nil];
        [alert addAction:action];
        [self presentViewController:alert animated:YES completion:nil];

    }
```

2. 路径检索结果的地图展现

路径检索完成后，得到的结果是一个连续的路线节点集合，为了直观地展现，必须要将这些点、线（标注、覆盖物）作为结果显示在地图上。在前一段代码中已经使用了添加覆盖物、标注的代码，但是真正添加到地图上是由 MapView 的 delgate 方法实现的，具体实现代码如下：

```
#pragma mark - BMKMapViewDelegate
/**
    根据 anntation 生成对应的 annotationView
```

@param mapView：地图 View

@param annotation：指定的标注

@return：生成的标注 View

*/

- (BMKAnnotationView *)mapView:(BMKMapView *)mapView viewForAnnotation:
(id<BMKAnnotation>)annotation {

    if ([annotation isKindOfClass:[BMKPointAnnotation class]]) {

        NSString *file = nil;

        BMKPinAnnotationView *annotationView = (BMKPinAnnotationView *)[mapView dequeueReusableAnnotationViewWithIdentifier:annotationViewIdentifier];

        if(NSOrderedSame == [annotation.title compare:@"起点"] || NSOrderedSame == [annotation.title compare:@"终点"])

        {

            annotationView =   [[BMKPinAnnotationView alloc] initWithAnnotation:annotation reuseIdentifier:nil];

            NSBundle *bundle = [NSBundle bundleWithPath:[[[NSBundle mainBundle] resourcePath] stringByAppendingPathComponent:@"mapapi.bundle"]];

            if(NSOrderedSame == [annotation.title compare:@"起点"]){

                file = [[bundle resourcePath] stringByAppendingPathComponent:

                @"images/icon_nav_start"];

            }

            else if(NSOrderedSame == [annotation.title compare:@"终点"])

            {

                file = [[bundle resourcePath] stringByAppendingPathComponent:

                @"images/icon_nav_end"];

            }

            annotationView.image = [UIImage imageWithContentsOfFile:file];

        }

        else{

            /**

             根据指定标识查找一个可被复用的标注，用此方法来代替新创建一个标注，返
回可被复用的标注

            */

            if (!annotationView) {

                /**

                初始化并返回一个 annotationView

                @param annotation：关联的 annotation 对象

                @param reuseIdentifier：如果要重用 view，传入一个字符串，否则设为 nil，
建议重用 view

                @return 初始化成功则返回 annotationView，否则返回 nil

```
                                 */
            annotationView = [[BMKPinAnnotationView alloc] initWithAnnotation:
            annotation reuseIdentifier:annotationViewIdentifier];
            NSBundle *bundle = [NSBundle bundleWithPath:[[[NSBundle mainBundle]
            resourcePath] stringByAppendingPathComponent:@"mapapi.bundle"]];
            NSString *file = [[bundle resourcePath] stringByAppendingPathComponent:
            @"images/icon_nav_bus"];
            //annotationView 显示的图片，默认是大头针
            annotationView.image = [UIImage imageWithContentsOfFile:file];
        }
    }
    return annotationView;
    }
    return nil;
}


/**
 根据 overlay 生成对应的 BMKOverlayView

 @param mapView：地图 View
 @param overlay：指定的 overlay
 @return：生成的覆盖物 View
 */
- (BMKOverlayView *)mapView:(BMKMapView *)mapView viewForOverlay:(id<BMKOverlay>)
overlay {
    if ([overlay isKindOfClass:[BMKPolyline class]]) {
        //初始化一个 overlay 并返回相应的 BMKPolylineView 的实例
        BMKPolylineView *polylineView = [[BMKPolylineView alloc] initWithOverlay:overlay];
        //设置 polylineView 的填充色
        polylineView.fillColor = [[UIColor cyanColor] colorWithAlphaComponent:1];
        //设置 polylineView 的画笔（边框）颜色
        polylineView.strokeColor = [[UIColor blueColor] colorWithAlphaComponent:0.7];
        //设置 polygonView 的线宽度
        polylineView.lineWidth = 2.0;
        return polylineView;
    }
    return nil;
}
```

12.4.2 iOS 的 3 种定位方式

移动定位大致分为三大类：GPS 定位、Network 定位、AGPS 定位，而 Network 定位又细分为 Wi-Fi 定位和基站定位。

iOS 设备支持 AGPS 定位和 Wi-Fi 定位。下面详细讲解每种定位。

1. GPS 定位

需要 GPS 硬件支持，直接和卫星交互来获取当前经纬度。

优点：速度快、精度高、可在无网络情况下使用。

缺点：首次连接时间长，只能在户外开阔地带使用，设备上方不能有遮挡物，比较耗电。

2. 基站定位

基站定位的方式有多种，一般使用手机附近的 3 个基站进行三角定位，由于每个基站的位置是固定的，利用电磁波在这 3 个基站间中转所需要的时间来计算出手机所在的坐标。还有一种方法是获取最近的基站信息，其中包括基站 id、location area code、mobile country code、mobile network code 和信号强度，将这些数据发送到 Google 的定位 Web 服务里，就能获取到当前的位置信息。

优点：受环境的影响较小，只要有基站，不管是在室内还是在人烟稀少的地方都能使用。

缺点：首先需要消耗流量；其次精度大概在十几米到几十米之间，不及 GPS。

3. Wi-Fi 定位

Wi-Fi 定位是根据一个固定的 WifiMAC 地址，通过收集到的该 Wi-Fi 热点的位置访问网络上的定位服务以获得经纬度坐标。

优点：和基站定位一样，它的优势在于受环境影响较小，只要有 Wi-Fi 的地方就可以使用。

缺点：需要有 Wi-Fi，精度不准。

4. AGPS 定位

AssistedGPS（辅助全球卫星定位系统）结合了 GSM 或 GPRS 与传统卫星定位，利用基地台代送辅助卫星信息，以缩减 GPS 芯片获取卫星信号的延迟时间，受遮盖的室内也能借基站信号弥补，减轻 GPS 芯片对卫星的依赖。和纯 GPS、基站三角定位相比，AGPS 能提供范围更广、更省电、速度更快的定位服务，理想误差范围在 10 米以内，日本和美国都已经成熟地运用 AGPS 于 LBS 服务（Location Based Service，基于位置的服务）中。AGPS 技术是一种结合了网络基站信息和 GPS 信息对移动设备进行定位的技术，可以在 GSM/GPRS、WCDMA 和 CDMA2000 网络中使用。该技术需要在手机内增加 GPS 接收机模块并改造手机的天线，同时要在移动网络上加建位置服务器、差分 GPS 基准站等设备。AGPS 解决方案的优势主要体现在定位精度上，在室外等空旷地区，其精度在正常的 GPS 工作环境下可以达到 10 米左右，堪称目前定位精度最高的一种定位技术。该技术的另一优点为首次捕获 GPS 信号的时间一般仅需几秒，不像 GPS 的首次捕获时间可能要 1 分多钟，但很明显，它的硬件要求很高，造价自然高。

12.5　问题与讨论

1．如何根据所处位置进行 GPS 和基站定位优先切换？
2．对百度定位偏差问题如何优化？
3．如何解决百度地图不显示地图的问题？
4．如何解决默认定位是北京的问题？